企业高技能人才职业培训系列教材

视频安防监控操作

本书编审人员

主　编　赵渊明

副主编　陶焱升

主　审　孙廷华

编　者　汤　军　孙　亮　周　迅　李长生　童勤久　邵　伟
周耀民　杨蔚琪　张宇霞　李　晶　沈　莉　石　颖

中国劳动社会保障出版社

图书在版编目（CIP）数据

视频安防监控操作/人力资源和社会保障部教材办公室等组织编写. -- 北京：中国劳动社会保障出版社，2017

企业高技能人才职业培训系列教材

ISBN 978-7-5167-3267-0

Ⅰ.①视… Ⅱ.①人… Ⅲ.①视频系统－安全监控系统－职业培训－教材 Ⅳ.①TN94

中国版本图书馆 CIP 数据核字（2017）第 277350 号

中国劳动社会保障出版社出版发行

（北京市惠新东街 1 号　邮政编码：100029）

*

三河市华骏印务包装有限公司印刷装订　新华书店经销

787 毫米×1092 毫米　16 开本　8 印张　130 千字

2017 年 11 月第 1 版　2017 年 11 月第 1 次印刷

定价：20.00 元

读者服务部电话：（010）64929211/84209103/84626437

营销部电话：（010）84414641

出版社网址：http://www.class.com.cn

内容简介

本教材由人力资源和社会保障部教材办公室、中国就业培训技术指导中心上海分中心、上海市职业技能鉴定中心、上海市公安局治安总队依据视频安防监控操作（专项职业能力）职业技能鉴定细目组织编写。教材从强化培养操作技能、掌握实用技术的角度出发，较好地体现了当前最新的实用知识和操作技术，对于提高从业人员基本素质，掌握视频安防监控操作（专项职业能力）的核心知识与技能有直接的帮助和指导作用。

本教材既注重理论知识的掌握，又突出操作技能的培养，实现了培训教育与职业技能鉴定考核的有效对接，形成完整的视频安防监控操作（专项职业能力）培训体系。本教材内容共分为2章，主要包括：视频安防监控系统操作基本技能和要求，视频安防监控发现、处置案（事）件信息专项技能。

本教材可作为视频安防监控操作（专项职业能力）职业技能培训与鉴定考核教材，也可供本职业从业人员培训参考使用。

企业技能人才是我国人才队伍的重要组成部分，是推动经济社会发展的重要力量。加强企业技能人才队伍建设，是增强企业核心竞争力、推动产业转型升级与提升企业创新能力的内在要求，是加快经济发展方式转变、促进产业结构调整的有效手段，是劳动者实现素质就业、稳定就业、体面就业的重要途径，也是深入实施人才强国战略、科教兴国战略和建设人力资源强国的重要内容。

国务院办公厅在《关于加强企业技能人才队伍建设的意见》中指出，当前和今后一个时期，企业技能人才队伍建设的主要任务是：充分发挥企业主体作用，健全企业职工培训制度，完善企业技能人才培养、评价和激励的政策措施，建设技能精湛、素质优良、结构合理的企业技能人才队伍，在企业中初步形成初级、中级、高级技能劳动者队伍梯次发展和比例结构基本合理的格局，使技能人才规模、结构、素质更好地满足产业结构优化升级和企业发展需求。

高技能人才是企业技术工人队伍的核心骨干和优秀代表，在加快产业优化升级、推动技术创新和科技成果转化等方面具有不可替代的重要作用。为促进高技能人才培训、评价、使用、激励等各项工作的开展，上海市人力资源和社会保障局在推进企业高技能人才培训资源优化配置、完善高技能人才考核评价体系等方面做了积极的探索和尝试，积累了丰富而宝贵的经验。企业高技能人才培养的主要目标是三级（高级）、二级（技师）、一级（高级技师）等，考虑到企业高技能人才培养的实际情况，除一部分在岗培养并已达到高技能人才水平外，还有较大一批人员需要从基础技能水平培养起。为此，上海市将企业特有职业的五级（初级）、四级（中级）作为高技能人才培养的基础阶段一并列入企业高技能人才培养评价工作的总体框架内，以此进一步加大企业高技能人才培养工作力度，提高企业高技能人才培养效果，更好地实现高技能人才培养的总体目标。

为配合上海市企业高技能人才培养评价工作的开展，人力资源和社会保障部教材办公室、中国就业培训技术指导中心上海分中心、上海市职业技能鉴定中心联合组织有关行业和企业的专家、技术人员，共同编写了企业高技能人才职业培训系列教材。本教材是系列教材中的一种，由上海市公安局治安总队组织编写。

企业高技能人才职业培训系列教材聘请上海市相关行业和企业的专家参与教材编审工作，以“能力本位”为指导思想，以先进性、实用性、适用性为编写原则，内容涵盖该职业的职业功能、工作内容的技能要求和专业知识要求，并结合企业生产和技能人才培养的实际需求，充分反映了当前从事职业活动所需要的核心知识与技能。教材可为全国其他省、市、自治区开展企业高技能人才培养工作，以及相关职业培训和鉴定考核提供借鉴或参考。

在编写过程中，得到了上海市保卫干部培训中心、上海公安学院、上海市公安局技术防范办公室等单位的支持，在此，一并表示感谢。

新教材的编写是一项探索性工作，由于时间紧迫，不足之处在所难免，欢迎各使用单位及个人对教材提出宝贵意见和建议，以便教材修订时补充更正。

企业高技能人才职业培训系列教材

编审委员会

安全技术防范是以预防损失和预防犯罪为目的的一项社会公共安全事业。它是一种以人力防范为基础，以技术防范和实体防范为手段，所建立的一种探测、延迟、反应有序结合的安全防范服务保障体系。

安全技术防范系统由视频监控系统、出入口控制系统、入侵报警系统、电子巡查系统等子系统组成，各子系统相互配合，形成一个有机整体。其中，视频监控系统就相当于整个安全防范系统的“眼睛”，在整个安全防范系统起着主导作用，其将防护目标的状态及所处的环境情况，以图像信息的形式最直观地反映给安保人员，是整个安全技术防范系统中的主要信息来源。

随着近几年的城市建设，我国城市监控覆盖率逐年提高，未来必将进入监控全覆盖的时代。同时，计算机算法与芯片技术的不断发展，将视频监控系统导向了一个集成化程度更高、智能化程度更强的发展平台。人脸识别、目标跟踪、异常场景自动报警等功能，逐步在实践中得到应用，更多的安全防范任务将依靠视频监控系统来完成，它对于安全防范系统的重要性将进一步提高。

视频安防监控操作员的专业化水平是影响视频监控系统防范效果的重要因素。专业的视频安防监控操作员能利用视频监控系统，在极短的时间内完成报警复核、人员追踪、图像显示、记录回放等操作，真实并准确地将各类案（事）件发生、发展的过程提供给公安机关等相关部门进行分析研究，最大程度发挥视频监控系统的安全防范效能。开展视频安防监控操作员的专业培训，顺应了视频安防监控操作员本身提升专业素质、熟练专业技能的客观需求，也是实现视频安防监控保卫走向专业化的根本途径。

本教材参编人员有：赵渊明、孙廷华、陶焱升、汤军、孙亮、周迅、李长生、童勤久、邵伟、周耀民、杨尉琪、张宇霞、李晶、沈莉等专家和教授。诚然，教材内容中可能会存在不足和欠缺，恳请读者予以斧正。

第 1 章　视频安防监控系统操作基本技能和要求 PAGE 1

第 2 章　视频安防监控发现、处置案（事）件信息专项技能 PAGE 47

1.1 视频安防监控系统操作人员的岗位要求

1.1.1 视频安防监控在安保工作中的特点

在安保工作中，视频安防监控相对于安保人员“实兵巡逻”防范而言，具有隐蔽性佳、覆盖面广、适应性强的特点。

1. 视频安防监控有更佳的隐蔽性

安保人员身着制服在安保区域“实兵巡逻”，通过观察、巡视、发现、检查、监视等防范手段起到威慑的作用，预防各类案（事）件的发生，但由于人力的局限性无法顾及安保区域的方方面面，可能给不法分子留有可乘之机。通俗地说就是不法分子看到安保人员在时可能短暂离开或隐蔽在人群中，等安保人员离开后，或在安保人员未能顾及的地方趁机作案。而视频安防监控就可以在较为隐蔽的地方实时监控安保区域的情况，在不法分子准备作案前发现情况，从根本上预防案（事）件的发生，更为有效地保护安保目标的安全。

2. 视频安防监控有更广的覆盖面

安保人员在执行“实兵巡逻”工作时，既可以采用固定岗位蹲点守护，也可以采用移动岗位巡逻守护，但由于人力的局限性无法做到全天候、全方位实时守护，在人力有所不及之时就有可能给不法分子可乘之机。视频安防监控就可以轻松解决人力有所不及的问题，只要在守护点上安装足够的视频安防监控摄像机，守护点的各个部位就能一目了然，实时掌控。

3. 视频安防监控有更强的全天候无间断特点

安保人员的工作状态不同程度地受到天气、时辰变化的影响，如暴雨天、酷暑烈日、严冬飓风、深更半夜时均易产生工作疲态，导致安保工作的等级下降，降低了对安保对象的保卫力度，有可能给不法分子可乘之机。视频安防监控设备的应用很好地避免了上述情况的发生。视频安防监控室的安保当值人员在操作台上操控前端监控摄像机，无论白天、黑夜、寒风、酷日、暴雨均能对安保目标或区域进行实时保卫。

1.1.2 视频安防监控在安保工作中的作用

从案（事）件存续状态来看，视频安防监控在安保中的作用主要体现在事前发现、事中锁定、事后排查三个方面。

1. 案（事）件的事前发现

视频安防监控室安保当值人员通过“视频巡逻”实时观察安保区域内的可疑人、车，对重点要害目标实施远程守护，一旦发现安保区域内的异常情况可以立即进行处置。从安保范畴来讲，通过视频安防监控“视频巡逻”也是安保人员巡逻的一种方式，起到与传统的安保人员“实兵巡逻”同样的作用。

2. 案（事）件的事中锁定

案（事）件发生过程中，视频安防监控室安保当值人员要及时运用视频安防监控摄像机全程监控案（事）件处置的过程，锁定案（事）件当事人，收集案（事）件相关证据，为该案（事）件现场处置人员提供必要的策应。

3. 案（事）件的事后排查

案（事）件发生后，视频安防监控室安保当值人员可通过回放视频安防监控录像，还原案（事）件发生的经过，从中梳理、查找有价值的线索，例如：为办案民警查找嫌疑人提供明确的侦查方向或依据、为纠纷双方辨明事件发生的因果关系提供有力证据、为求助群众提供必要的视频安防监控图像技术的帮助等。

1.1.3 视频安防监控室安保当值人员岗位职责

1. 视频安防监控室安保当值人员上岗前，应熟知岗位职责要求，能熟练应用监控设备对安保区域进行“视频巡逻”，具有发现可疑情况、处置事态的能力，并能及时做好相关文字记录和影像备份工作。

2. 视频安防监控室安保当值人员必须具有高度的责任心，认真完成安防监控任务，及时掌握各种监控信息；监控过程中发现重大突发事件或重大安全事故隐患及时向治安负责人或安保部总值班报告并做好记录；监控过程中发现可疑情况及时通知“实兵巡逻”的安保当值人员到现场进行处置。

3. 视频安防监控室安保当值人员应严格执行岗位工作制度，严禁离岗、脱岗，如确需离开岗位必须经当班负责人或安保部总值班同意，在替岗人员到达后方可离开。

4. 视频安防监控室安保当值人员当值期间不准改变监控摄像机的用途用以从事与安保值守工作无关的事项；必须保持通信畅通，实时保持内外联动；禁止任何人挪用监控设施设备（特别是输入无关的外挂信号源）。

5. 未经批准，外来人员（包括参观学习人员等）禁止进入监控室；经批准进入监控室的外来人员必须遵守监控室有关规定，服从监控室工作人员管理。公检法或上级职能部门工作人员若因工作需要，到监控室调取资料，必须由保卫干部陪同，监控室当值安保人员必须做好登记，确保监控图像资料不随意外泄。

6. 视频安防监控室安保当值人员每班次交接岗后，要检查监控摄像机和附属设施运行状况，发现问题及时报修，确保监控设施设备的正常运行；要检查监控摄像机的观察部位是否为安保区域的重点要害部位，如发现重点要害部位失控，应对监控摄像机的朝向进行及时修正。

7. 视频安防监控室安保当值人员应严格遵守各项安全管理规定，能熟练操作消防、技防等报警系统，发现警情时能正确处置。

8. 视频安防监控室安保当值人员应遵守保密制度，严禁利用监控设备偷窥他人的隐私，严禁私自下载或用其他设备拍摄监控影像资料，严禁私自将下载的监控影像资料向外透露或传播。

9. 视频安防监控室安保当值人员必须认真完成领导交办的其他工作任务。

10. 视频安防监控室安保当值人员发现设备异常应及时向主管通报并记录在案。

1.2 视频安防监控室安保当值人员勤务运作要求

视频安防监控设备必须24 h开启，配置专职安保人员轮班监控。视频安防监控室安保当值人员必须对重点安保对象或部位进行24 h视频安防监控。视频安防监控的重点包括重点安保部位或区域，及与该部位或区域相联通的必经通道。

1.2.1 视频安防监控室安保当值人员的勤务模式

视频安防监控室安保当值人员班次轮转的方式可以是“四班三运转”，也可以是“三班二运转”，从运作的实际效果出发，建议采用“四班三运转”的方式。每班次安保当值人员数控制在每个工位不多于2人。

1. “四班三运转”模式

“四班三运转”就是以8天为一个周期，以2天早班（8 h）、2天中班（8 h）、2天晚班（8 h）、2天休息的班次进行轮转。

2. “三班二运转”模式

“三班二运转”就是以4天为一个周期，以1天白班（12 h）、1天夜班（12 h）、2天休息的班次进行轮转。

视频安防监控室的两名安保人员，可合理分配时间进行轮值，以提高监控效率。

1.2.2 视频安防监控室的运作原则

1. 分级掌控原则

视频安防监控室安保当值人员在进行“视频巡逻”时，要根据安保目标的重要性、监控摄像机覆盖区域内治安状况、重点部位的分布等因素，对监控摄像机实行分级管理，对不同等级监控摄像机落实相应巡视措施。视频安防监控室安保当值人员应根据监控摄像机等级确定关注程度，调整视频安防监控浏览的时间与频率。

2. 人机互动原则

视频安防监控室安保当值人员在进行“视频巡逻”时，应建立和完善与进行“实兵巡逻”的安保人员的信息联通、安全联防、责任共担的双向勤务联动机制，共同承担预防、制止各类违法犯罪活动发生的责任，切实保护好安保对象的生命、财物安全。

视频安防监控室安保当值人员在进行“视频巡逻”时，还应与管辖地的派出所建立联勤，保持信息联通、安全联防、打击联手的联动机制，共同打击各类违法犯罪活动，履行社会面治安防控的职责，为辖区的治安防控做出贡献。

3. 勤务互补原则

视频安防监控室安保当值人员在进行“视频巡逻”时，所制定的巡逻勤务方案要与进行“实兵巡逻”的安保人员的勤务方案相匹配。也就是说，两者的勤务运作方案应根据安保目标具体安保工作中的实际需求，或互为叠加，或相互交叉，形成相互支撑、相互补充的巡逻防控格局，明确常态下各岗位的责任。

4. 动态有效原则

视频安防监控室安保当值人员在进行“视频巡逻”时，前端监控摄像机布局应根据安保目标的重要性和安保区域内的重点部位、治安形势实际情况的变化调整，实时调整“视频巡逻”的重点，凸显视频安防监控的针对性和有效性，当有重要或重大的活动时，有必要在活动的规划路径和人员密集处临时增加监控设施，使之与设计的预案相匹配。

1.2.3 视频安防监控室监控摄像机的勤务规划

视频安防监控室安保当值人员“视频巡逻”的勤务规划应与参加“实兵巡逻”的安保人员的勤务规划要求基本一致，勤务方案制定、勤务方案调整均应联动。

1. 勤务方案制定要求

视频安防监控室安保负责人员在制定视频安防监控安保人员的勤务方案时应着重把握以下3个要点：

（1）视频安防监控室安保当值人员“视频巡逻”的勤务方案的主要内容应包括视频安防监控室安保当值人员安排、运作班次、值守重点安保目标、重点区域、重点时段、最小勤务单元（单个监控摄像机）的主要勤务方式、勤务时段等。

（2）视频安防监控室安保当值人员“视频巡逻”的勤务方案必须与“实兵巡逻”安保人员的勤务方案相匹配，形成点线面叠加交错、相互支撑、互为补充的勤务体系，以提高“视频巡逻”和“实兵巡逻”两者的综合效能。例如，视频安防监控室安保当值人员对重点安保目标和区域实施定点监控、重点巡视时，应与“实兵巡逻”安保人员的现场巡逻时间错开，以提高巡逻频率。

（3）视频安防监控室安保当值人员“视频巡逻”的监控摄像机布局勤务方案必须以单个监控摄像机作为“视频巡逻”的最小勤务单位，明确每个（每组）监控摄像机的主要勤务方式、勤务时段和值守等级。“视频巡逻”监控摄像机的勤务方式主要有定点监视、线状巡视、环状扫视、多点复视等。这些勤务方式可单独使用，也可根据摄像机所覆盖区域的实际情况灵活组合运用。

1）定点监视。定点监视是视频安防监控室安保当值人员利用视频安防监控摄像机持续监控特定的安保目标的一种工作方法，主要用于对安保重点目标、部位、易发生警情区域的“视频巡逻”。一般情况下，定点监视的监控图像应始终显示在监控屏幕上。

2）线状巡视。线状巡视是视频安防监控室安保当值人员在进行“视频巡逻”时通过固定摄像机的链接（按摄像机的辐射距离而定）对条状区域开展定期巡视的一种工作方法，主要适用于对安保区域内道路、通道等条状区域的“视频巡逻”。

3）环状扫视。环状扫视是视频安防监控室安保当值人员在进行“视频巡逻”时为了全面掌握视频安防监控摄像机管控范围内的情况，运用视频安防监控摄像机的云台旋转功能转换摄像机方向，对以摄像机为中心360°范围内的区域实施观察的一种工作方法，主要适用于对广场和较为开阔区域的“视频巡逻”。

4）多点复视。多点复视是视频安防监控室安保当值人员在进行“视频巡逻”时为了全面掌握安保目标的安全，调整安保目标周边的几个视频安防前端监控摄像机，同时从多个角度反复观察或操作多个监控摄像机，对可疑人员、车辆或其他可疑情况实施接力跟踪的一种工作方法，主要适用于对固定目标的监控、对发生情况的锁定观察和追踪、围捕。

2. 勤务方案适时调整

视频安防监控室安保当值人员“视频巡逻”的勤务方案，应根据安保目标和安保区域治安状况的变化及时调整。视频安防监控室安保人员要明确“视频巡逻”的勤务方案没有最好的，只有最适合的。因此，实际运作过程中，不能制定勤务方案后一成不变，而是应当根据实际情况的变化适时进行调整完善。

（1）根据“实兵巡逻”人员勤务方案的调整进行相应的调整。为了能使安保达到最佳的效能，视频安防监控室安保当值人员的“视频巡逻”勤务方案必须跟随“实兵巡逻”勤务方案的调整而进行调整，确保两者能形成点线面叠加交错、相互支撑、互为补充的勤务体系，调整时应充分考虑周边的治安环境、举办活动的等级等诸多因素。

（2）根据安保目标的变化进行相应的调整。因为视频安防监控室安保当值人员“视频巡逻”的勤务方案是以单个监控摄像机作为“视频巡逻”的最小勤务单位制定的，所以“视频巡逻”的勤务方案应随着安保对象的变动进行调整。例如：入住宾馆的贵宾停放了一辆名贵的车辆，那么视频安防监控室安保当值人员就应及时调整“视频巡逻”的监控摄像机朝向，对其进行重点看护。

（3）根据安保区域治安状况的变化进行相应的调整。视频安防监控室安保当值人员的“视频巡逻”勤务方案是根据安保区域内的治安状况制定的。安保区域内的治安隐患会因为管控力度的加强而发生变化，在消除原有的治安隐患的同时新的治安隐患还会产生。因此，“视频巡逻”勤务方案也要随之进行相应的调整。

3. 勤务方案等级划分

为了能更加有效地利用视频安防监控设备进行“视频巡逻”，视频安防监控室安保当值人员根据安保目标的重要性和监控摄像机覆盖区域内治安状况、重点部位的分布等因素，对视频安防监控摄像机实行分级管理，不同等级监控摄像机落实相应巡视措施。视频安防监控室安保当值人员要根据前端监控摄像机等级确定关注程度，调整视频安防监控画面浏览的时间与频率。

根据安保目标、区域不同，可将视频安防监控摄像机分为“重点”“关注”和“一般”3 个等级，具体设置要求为：

（1）“重点”监控摄像机的监控目标为安保目标、安保区域内的重点部位，以及进出安保区域的各个出入口，原则上每个工位安排的监控目标不超过 9 个。

（2）“关注”监控摄像机的监控目标为与安保目标相关联的通道、安保区域内可供通行的通道、安保区域与外界的交界处，原则上每个工位安排的监控目标不超过 12 个。

(3) 除“重点”“关注”等级之外的前端监控摄像机均为“一般”等级。

视频安防监控摄像机的值守等级应根据安保目标或安保区域在不同时间段的具体情况和要求，进行动态调整。以“重点”监控摄像机为例，并非每个“重点”监控摄像机在任何值守时段内都需要按照“重点”等级的值守要求值守，可能该监控摄像机仅在某个特定的时间段内需按照“重点”监控摄像机的值守要求开展值守。例如办公楼内的电梯口在上下班时段由于人员集中，可能出现突发情况，此处的摄像机必须列为视频安防监控的“重点”监控摄像机，但在下班高峰过后就很少有人乘坐该电梯了，那时就可以不再列为“重点”监控摄像机。

1.2.4 视频安防监控室安保当值人员勤务规范

视频安防监控室安保当值人员应提前 15 min 到达，做好上岗前的准备工作。

1. 视频安防监控室安保当值人员在上岗前必须掌握基础信息

(1) 视频安防监控室安保当值人员在上岗前必须熟记监控摄像头的编号、分布、照射范围和勤务等级。

(2) 视频安防监控室安保当值人员在上岗前必须知晓安保目标和安保区域内的治安状况。

(3) 视频安防监控室安保当值人员在上岗前必须熟悉安保区域“实兵巡逻”的勤务布局。

(4) 视频安防监控室安保当值人员在上岗前必须知晓其他需要了解的情况。

2. 视频安防监控室安保人员的交接班工作

视频安防监控室安保负责人应制定视频安防监控安保人员的交接班制度，配备《视频安防监控室当班日志》，规定视频安防监控室安保当值人员必须在《视频安防监控室当班日志》内记录该班内发生的具体情况。交接班双方应当面进行交接，交班人员必须向接班人员进行视频安防监控工作任务的移交，并通报当班情况，需要说明解释的应详细讲解清楚，最后交接班双方均应在《视频安防监控室当班日志》上面签名确认交接。

(1) 交接班工作的内容

1) 当班主要工作情况。

2) 视频安防监控设备运行状况。

3) 安保目标或区域内即时的治安状况。

4) 其他需要交接的情况。

（2）交接班的要求

1）交接班应在视频安防监控室内进行。

2）交班安保人员应如实向接班安保人员介绍当班工作情况。

3）接班人员应认真检查视频安防监控设备运行是否完好。

4）交接班时，如遇能够在短时间内予以处置的可疑事件等情况，应在完成此项跟踪监控任务后再进行交接。

5）交接班时，如遇需要较长时间方能处置完毕的可疑事件等情况，应先向接班人员交代清楚可疑事件的详细情况，待接班人员了解工作情况后，方可进行移交。

（3）其他需要备注或交接的情况

1）视频安防监控室安保负责人交代的临时工作。

2）视频安防监控室安保人员“视频巡逻”勤务方案调整的情况。

3）视频安防监控室内需要备注或交接的其他情况。

3.《视频安防监控室当班日志》记录内容

（1）情况信息记录。视频安防监控室安保当值人员应按要求以视频保存形式将视频安防监控中发现的情况信息予以采集，记录的内容如下。

1）治安、刑事类情况信息记录

①安保区域内发生的违法犯罪活动。

②安保区域内发生的治安案（事）件。

③安保区域内存在的治安、刑事隐患。

④安保区域内发生“110”警情的情况。

⑤安保区域内存在的其他需要记录的治安、刑事类情况信息。

2）安全类情况信息记录

①安保区域内的交通安全隐患。

②安保区域内的塌方、倒塌安全隐患。

③安保区域内的拥挤、踩踏安全隐患。

④安保区域内的水、电、火等安全隐患。

⑤安保区域内的其他安全隐患。

3）其他类情况信息记录

①安保区域周边可能发生群体性事件的情况信息。

②安保区域内发生的群众求助类情况信息。

③安保区域内发现的可疑人员和车辆的情况信息。

④安保区域周边发现的可疑人员和车辆可能给安保目标或安保区域带来安全隐患的情况信息。

⑤安保区域内和周边其他应记录的情况信息。

（2）设备运行情况记录。视频安防监控室安保当值人员应按要求将当班过程中发现的视频安防监控设备运行故障情况进行记录，记录的内容如下。

1）前端设备运行情况

①各个监控摄像机运行是否正常。

②各个监控摄像机外罩是否清洁。

③各个监控摄像机监控范围内有无视线遮挡情况。

2）终端设备运行情况

①视频安防监控显示屏运行情况。

②视频安防监控操作键盘运行情况。

③视频安防监控存储设备运行情况。

④用于视频安防监控信息采集存储的电脑的运行情况。

视频安防监控室安保当值人员应将当班时发现的设备运行不良情况及时报修，并将故障情况尽可能详细地记录在《视频安防监控室当班日志》中。

4. 视频安防监控室安保当值人员禁止的行为

视频安防监控室安保当值人员必须遵守勤务纪律和视频安防监控相关的保密纪律。

（1）视频安防监控室安保人员当值时必须遵守的勤务纪律

1）视频安防监控室安保人员当值时，禁止与他人聊天、电话闲聊。

2）视频安防监控室安保人员当值时，禁止看书、报、杂志等。

3）视频安防监控室安保人员当值时，禁止擅自离岗。

4）视频安防监控室安保人员当值时，禁止睡觉等不履职情况发生。

（2）视频安防监控室安保人员当值时，必须遵守相关的保密纪律

1）视频安防监控室安保人员当值时，禁止擅自改变图像监控系统的用途。

2）视频安防监控室安保人员当值时，禁止利用监控摄像机进行偷窥。

3）视频安防监控室安保人员当值时，禁止擅自复制、传播、截图打印视频安防监控资料。

4）视频安防监控室安保人员当值时，禁止擅自使用手机、相机、摄像机等摄录视频安防监控资料。

5）视频安防监控室安保人员当值时，禁止其他违反视频安防监控资料管理规定的

行为。

1.3 视频安防监控系统的构成和功能

视频安防监控系统可以分为模拟视频安防监控系统和数字视频安防监控系统。模拟视频安防监控系统是指前端设备和视频主机以模拟信号的方式进行信号传输和信号处理的视频安防监控系统。数字视频安防监控系统是指前端设备和视频主机以数字信号的方式进行信号传输和信号处理的视频安防监控系统。

1.3.1 视频安防监控系统的构成

视频安防监控系统由前端设备、视频信号传输设备、视频主机和图像记录设备构成。

1. 前端设备的组成和功能

视频安防监控系统前端设备主要用于图像信号的采集，由以下设备组成。

（1）摄像机。为完成图像的采集工作，根据场合的不同可选用的合适摄像机种类如图 1—1 所示。

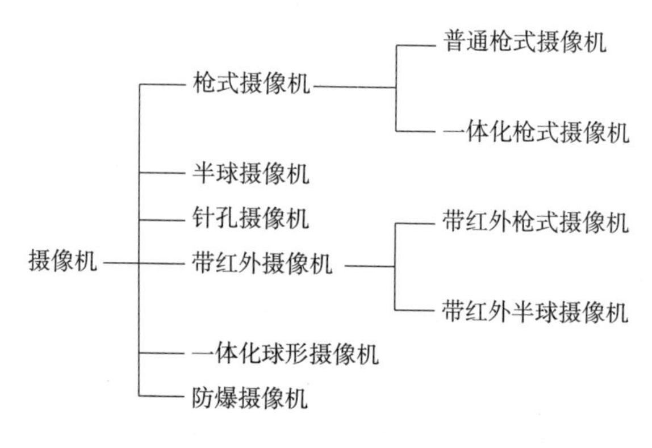

图 1—1　不同场合可选摄像机种类

一般装饰较好的场合宜选用带球罩的摄像机；环境照度偏低的场合可选用低照度的摄像机；范围较大、监视动态目标的场合可选用一体化球形摄像机；有装饰吊顶并具有一定景深的场合可选用半球摄像机；针孔摄像机一般在单扇门和银行 ATM 机上使用；环境照明低的非重要场合可选用带红外摄像机（由于带红外摄像机的清晰度受到一定限制，一般不推荐在重要场合使用）。

（2）镜头。镜头可以对采集目标图像的大小、清晰度和透光量做调整，应根据摄像机安装位置与目标图像的距离选用合适的镜头，如图 1—2 所示。

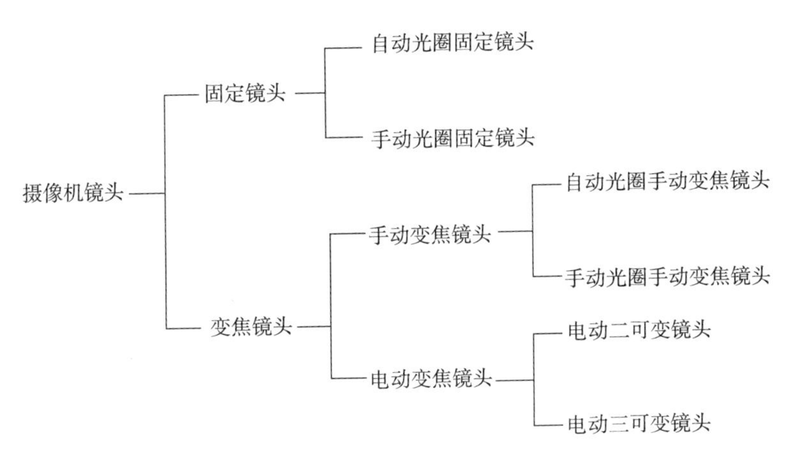

图 1—2　镜头种类

（3）防尘器。防尘器是摄像机和镜头的防护装置，类型如图 1—3 所示。

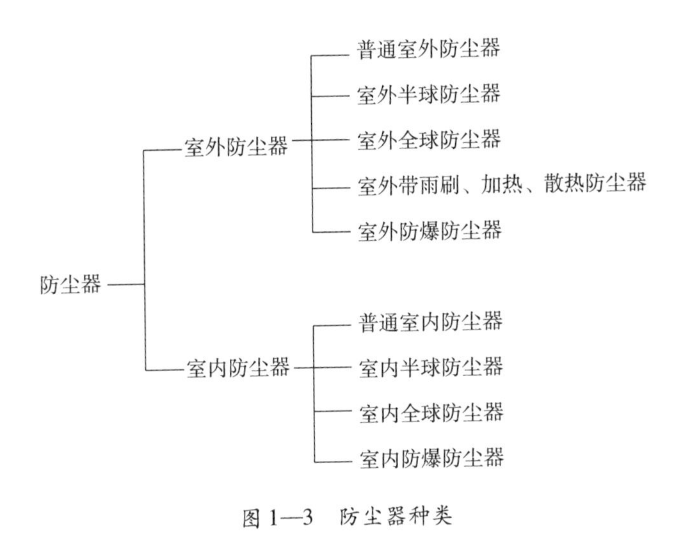

图 1—3　防尘器种类

（4）云台。云台能带动摄像机上、下、左、右转动，适用于动态范围较大的场合，有室内云台和室外云台之分。

（5）解码器。解码器负责对云台和电动变焦镜头供电，同时受控于系统控制设备，从而完成系统控制设备的解码指令，有室内解码器、室外解码器和内置解码器之分。快速球就属于内置解码器。

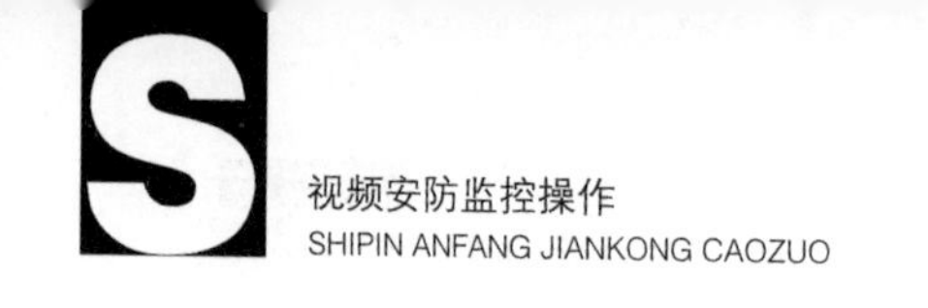

2. 视频信号传输设备及其功能

视频信号传输就是将采集的图像以电信号、光信号的方式传输至监控中心的信号处理设备。模拟系统的信号传输采用同轴电缆或光纤传输，而数字系统的信号传输则采用超五类或六类 8 芯电缆加光纤传输，并在传输链路的节点处添加光电转换设备、光分配设备（EPON）或信号交换设备。

3. 视频主机及其功能

视频主机即视频处理/控制设备，是实现系统操作功能的核心，通常以视频切换/控制设备（矩阵切换主机）为中心设备，主要的功能是操作图像任意编组切换，还能操作解码器使云台上、下、左、右转动和使镜头开闭光圈、变焦、聚焦。视频矩阵切换主机的所有功能都是通过操作键盘来实现的。针对一些特殊要求和重要的项目，可设视频安防监控系统的分控，由分控操作键盘调用系统关键部位的图像。

视频安防监控系统还可接入多媒体操作系统，使视频矩阵切换主机的基本功能在多媒体操作系统的界面上实现。

随着智能手机的普及和发展，使用手机进行视频监控已经成为现实。手机视频监控是采用第四代移动通信技术（4G），针对家庭、小型企业或者特定行业用户监控的需求，设计实现的一种安装简易、操作灵便、性价比高的移动视频监控设备或应用软件。手机视频监控通过 3G（第三代移动通信技术）、4G 或无线上网卡接入 4G 通信网络制式。只要在智能手机上插入 SIM 卡（用户身份识别卡），通过视频电话或者应用软件即可达到视频监控的目的，从而让监控变得非常简单。

（1）视频切换/控制设备（矩阵切换主机）的基本功能

1）时序切换设置。

2）分组切换设置。

3）时钟设置。

4）操控云台和电动镜头。

5）除尘和除霜功能。

6）报警器的布防和撤防。

7）报警器工作状态查询。

8）手动灯光控制。

9）解码器状态查询。

10）报警器状态查询。

11）视频汉字的叠加。

12）报警联动其他相关设备，如灯光照明，并可进行报警图像复合。

13）报警联动控制器数量设置和查询。

14）分控键盘数量设置和查询。

15）分控键盘占有通道编号设置。

16）多点巡视设置。

17）多点巡视停留时间设置。

（2）多媒体操作系统功能。多媒体操作系统为用户提供了一个功能强大、操作简洁、形象直观的用户界面。用户通过点击操作面板、工具栏上的按钮和右键菜单，可实现大多数功能的单键操作和一些复杂功能的批处理操作，包括视频矩阵切换主机的基本功能，并可进行系统状态、报警记录和图像资料的查询。多媒体操作系统为用户控制和管理提供了极大的方便，具有良好的人机交互性。

4. 图像记录设备及其功能

图像记录设备主要包括数字录像机和视频服务器，数字录像机采用硬盘来存储图像资料，故也称数字硬盘录像机。安防系统常用的图像记录设备是数字硬盘录像机，其使用功能强大、操作性优越。

1.3.2 数字视频监控系统

1. 视频监控系统技术的发展

视频监控系统技术经历了模拟、半数字、全数字的发展过程。

（1）模拟时代。在20世纪90年代以前，视频监控系统主要采用以模拟设备为主的闭路电视监控系统，即第一代模拟视频监控系统。模拟视频监控系统发展较早，主要由摄像机、视频矩阵、监视器、录像机等组成，通过视频矩阵主机可以将来自摄像机的视频图像显示在监视器，用键盘进行切换和控制，并将图像信息录像到磁带。远距离图像传输采用模拟光纤，利用光端机进行视频的传输。系统视频信号的采集、传输、存储均为模拟形式，因此质量较高。但是由于图像信息通过视频电缆以模拟方式传输，一般传输距离不能太远，主要应用于小范围内的监控，监控图像一般只能在控制中心查看。有线模拟视频监控的局限性还在于无法联网，只能以点对点的方式监视现场，使得布线工程量极大，无法形成有效的报警联动，因而模拟视频监控系统的扩展性较差。

（2）半数字时代。数字视频监控系统是以数字视频处理技术为核心，以计算机或嵌入式系统为中心，利用图像数据压缩的国际标准，综合利用光电传感器、计算机网络、自动控制、人工智能等技术的一种新型监控系统。

20 世纪 90 年代初，随着计算机处理能力的提高和视频技术的发展，人们利用计算机的高速数据处理能力进行视频的采集和压缩处理，利用显示器的高分辨率实现图像的多画面显示，提高了图像质量。由于传输依旧采用传统的模拟视频电缆，所以这类系统被称为第二代半模拟半数字本地视频监控系统，使用的监控软件基本上都为 PC 单机 DVR（数字视频录像机）软件。这种基于 PC 机（个人计算机）的多媒体主控台系统也称为第二代数字化本地视频监控系统。DVR 是第二代数字化本地视频监控系统的核心产品，在计算机中安装视频卡和相应的 DVR 软件。不同型号视频卡可连接 1/2/4 路视频，支持实时视频和音频。但由于网络技术和视频压缩技术的滞后，无法组建大型监控系统，监控信息局限于本地。

（3）全数字时代。20 世纪 90 年代末，随着网络带宽、计算机处理能力和存储容量的快速提高，以及各种实用视频压缩处理技术的出现，视频监控步入了全数字化的网络时代，称为第三代远程数字视频监控系统。第三代视频监控系统以网络为依托，以数字视频的压缩、传输、存储和播放为核心，以智能实用的图像理解和分析为特色，引发了视频监控行业的技术革命。新的监控技术完全打破了传统的结构，依靠功能日益强大的计算机，不仅可以处理文本、数据、图形等，还可以处理视频、声音等信息，成为真正的多媒体监控终端。再加上网络和通信技术的发展，多媒体信息的交互和共享趋向更广阔的空间。从局域网络到广域网络，从一个城市到另一个城市，从一个国家到另一个国家，在任何地方都能完成原本只能在现场完成的一切任务。数字化、网络化的第三代视频监控技术，与传统的模拟监控技术相比较，还具有：便于模块化，通用性、可扩展性强；便于智能化，支持远程控制，监控效率更高，信号抗干扰能力强；便于对信号进行存取、查找、再次处理；易于安装、管理、维护等优点。

第三代网络视频监控技术，融合了新兴的网络技术、多媒体技术、视频技术，体现了技术发展和社会进步的一次巨大飞跃，具有深远的现实意义。例如：交通监控系统不仅能实时收集交通流量参数，对违章车辆的拍照记录功能还加强了交通监管力度，由此产生的警示作用有利于司机的行为自律，保障交通安全，倡导遵章守纪的良好社会风尚。由于能支持便捷的远程网络访问，视频监控技术可以进入普通百姓家庭，应用于幼儿看护、智能家居等场合，改变人们传统的生活方式。视频监控技术还可以应用于企业管理和生产经营管理，提高生产效率。第三代网络视频监控技术具有广阔的发展前景和巨大的商机，以及强大实用的功能、可拓展的技术空间、良好的社会价值，因此受到了学术界、产业界和相关使用部门的高度重视，是当前信息产业发展的热点之一。

2. 数字视频监控系统的基本组成

数字视频监控系统除了具有传统闭路电视监视系统的所有功能，还具有远程视频传输与回放、自动异常检测与报警、结构化的视频数据存储等功能。与数字视频监控系统相关的主要技术有视频数据压缩、视频的分析与理解、视频流的传输与回放和视频数据的存储。

数字视频监控系统通常由摄像机等前端设备、传输系统和主控显示记录设备三大部分组成。

（1）前端设备。安装在监视现场的设备称为“前端设备”。前端设备通常包括：摄像机、摄像机镜头、摄像机防护罩、旋转云台、解码器、安装支架等。如果是带有监听功能的系统，则安装有监听探测器；如果是带有安全防范报警功能的系统，则安装有各种类型的报警探测器；如果是具有联动功能的系统，则安装有报警联动照明设备、红外线灯和其他控制设备。

（2）传输系统。由前端摄像机摄取的视频电视信号、监听探测器拾取的声音信号、报警探测器发出的报警信号、主控设备向前端设备传送的控制信号、电源输出的电流等，都要通过一定的传输媒体进行传送。传输系统的传输方式可以是有线传输方式、无线传输方式、微波传输方式、光纤传输方式、双绞线平衡传输方式、电话线传输方式等。在一些较复杂的闭路电视监控系统中，可以同时使用多种传输系统。

（3）主控显示记录设备。主控显示记录设备包括控制前端系统的设备和对安全防范现场前端设备传送回来的视频电视信号、声音信号和报警信号进行处理、显示和传送的设备。

通常使用的主控显示记录设备有：多媒体计算机、视音频切换器、视频分配放大器、云台镜头控制器、画面分割器或多画面处理器、数字视频场开关、字符发生器、视频报警器、矩阵系统控制主机、控制键盘、录像机、显示器（或电视机）、视频打印机、摄影仪、联动控制器、警灯、警号、直流稳压电源、UPS（不间断电源）交流净化稳压电源、控制台、电视柜（电视墙）等。

闭路电视监控系统根据不同的主控系统设备的不同组合方式，可以分成切换器控制闭路电视监控系统（小型闭路电视监控系统）、矩阵控制闭路电视监控系统（常用闭路电视监控系统）和多媒体闭路电视监控系统几种类型。

3. 相关硬件介绍

（1）摄像机。摄像机是将现场图像变成视频信号的设备，基本参数有：成像器件

[基本采用CCD（电荷耦合元件）固定成像元件]、电源种类[220 V AC（交流电），24 V AC，12 V DC（直流电）等]、信号种类（彩色/黑白）、最低照度、是否带逆光补偿、分辨率、靶面尺寸、镜头接口（C/CS）等。

（2）镜头。镜头是将观察目标的光像聚焦于CCD成像器件上的元件，根据作用不同可分为常用镜头、特殊镜头（广角镜头、针孔镜头等）两类。镜头的基本参数有：焦距、光圈（自动、手动）、视场角、镜头接口、景深等。

（3）云台。云台是控制现场摄像机的设备，主要功能是控制摄像机的上、下、左、右旋转和镜头的变焦，接收报警输入，产生报警输出等。

（4）监视器。监视器是将现场信号重新显示的设备，作为监控系统的输出部分，是整个系统的重要组成部分。因此，正确选择监视器是影响系统整体效果和可靠性的关键环节。监视器的基本参数有：画面尺寸、黑白/彩色、分辨率等。

（5）矩阵切换器。矩阵切换器是系统的核心部件，其主要功能有：

1）图像切换。将输入的现场信号切换至输出的监视器上，实现用较少的监视器对多处信号的监视。

2）控制现场。可控制现场摄像机、云台、镜头、辅助触点输出等。

3）RS－232（异步传输标准接口）通信。可通过RS－232标准端口与计算机等进行信息通信。

4）可选的屏幕显示。在信号上叠加日期、时间、视频输入编号、用户定义的视频输入或目标的标题、报警标题等以便监视器显示。

5）通用巡视和成组切换。系统可设置多个通用巡视和多个成组切换。

6）事件定时器。系统有多个用户定义时间，用以调用通用巡视到输出。

7）口令和优先等级。系统可设置多个用户编号，每个用户有自己的密码，根据用户的优先等级来限制用户使用一定的系统功能。

（6）图像处理器。图像处理器的功能不仅仅只是视频信号的合成，还包括录像和监视。图像处理器基本参数有：输入视频信号路数（根据不同型号可有4、9、16路等多种规格）、单/双工、彩色/黑白、图像效果（像素）、是否带有视频移动报警功能等。

（7）录像机。录像机是监控系统的记录和重放装置，根据其录制时间可有24 h、36 h、48 h、72 h等多种规格。利用电脑硬盘进行数字录像已成为趋势。

根据系统各部分功能的不同，整个数字视频监控系统可以划分为七层——表现层、控制层、处理层、传输层、执行层、支撑层、采集层。当然，由于设备集成化越来越高，某些设备可能会同时以多个层的身份存在于部分系统中。

4. 相关软件技术

（1）视频编解码技术。网络视频监控要处理传输的主要数据就是图像语音数据。一幅640×480中等分辨率彩色图像，采用24位比特量化的数据量约为7 Mbit，如果按每秒30帧的速率播放，则需要传输的码率高达221 Mbit/s。要在有限的带宽上传输如此之高的码流是不现实的，在这样的情况下，视频编解码技术显得尤为重要。根据项目实际背景，压缩效率较好、较易实现的MPEG－4视频压缩标准因其更高的压缩比、更好的IP（因特网互联协议）和无线网络信道的适应性，在数字视频通信和存储领域得到越来越广泛的应用。

（2）网络传输技术。视频图像的传输质量直接影响系统的监控质量。数字视频信号虽然已经过压缩，但数据量还是很大，特别是当几路视频信号同时在网络上传输时，大量的数据传输会使得传输网络变得拥挤，这会造成数据的延迟和丢失，因此良好的网络通信通道和通信协议的选择至关重要。数字视频监控系统采用TCP/IP传输协议（传输控制协议/因特网互联协议）。

5. 数字视频监控系统的功能

与以往的监控相比，采用网络数字摄像机的网络化数字视频监控系统具有强大的功能。

（1）远端网络监视功能。数字视频监控系统通过以太网络即可直接实现远端监控，可多人同时监控多个点，即时传输图像，无距离限制，可使用光纤远距离传输图像。

（2）集成RS－232/RS－485通信口便于扩充周边设备。用户可自行选择通信方式连接周边设备，如全方位云台等。

（3）报警录像功能。数字视频监控系统可设定警报触发前后录像，便于回放。

（4）使用者需要权限和口令。数字视频监控系统可设定不同等级的使用者权限，不同使用者可获得不同的监控图像信息。

（5）画面设置功能。数字视频监控系统可依应用环境不同自行设定显示画面的大小、解析度、压缩比等参数。

（6）报警功能。配合网络摄像机I/O（输入/输出）端子，数字视频监控系统可设定报警器、联动录像、发送电子邮件等。

6. 数字视频监控系统的优点

与传统的模拟视频监控系统相比，数字视频监控系统具有许多优点。

（1）数字视频监控系统便于计算机处理。由于对视频图像进行了数字化，可以充分利用计算机的快速处理能力，对其进行压缩、分析、存储和显示。通过视频分析，

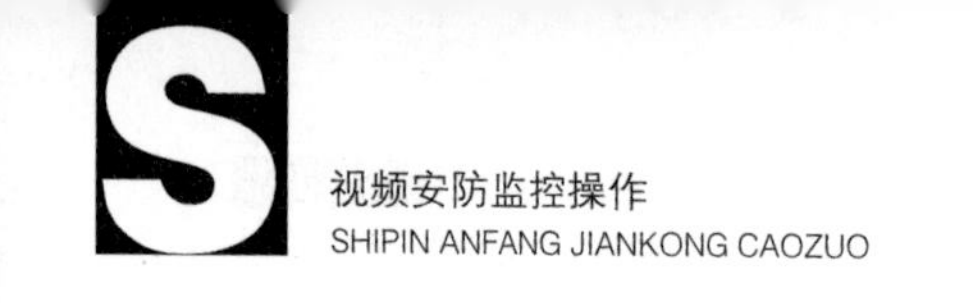

可以及时发现异常情况并进行联动报警，从而实现无人值守。

（2）数字视频监控系统适合远距离传输。数字信息抗干扰能力强，不易受传输线路信号衰减的影响，而且能够进行加密传输，因而可以在数千公里之外实时监控现场。特别是在现场环境恶劣或不便于直接深入现场的情况下，数字视频监控能达到亲临现场的效果，即使现场遭到破坏，也照样能在远处得到现场的真实记录。

（3）数字视频监控系统便于查找。如使用传统的模拟视频监控系统，出现问题时需要花大量时间观看录像带才能找到现场记录；而使用数字视频监控系统，利用计算机建立的索引，在几分钟内就能找到相应的现场记录。

（4）数字视频监控系统提高了图像的质量与监控效率。利用计算机可以对不清晰的图像进行去噪、锐化等处理。调整图像大小，借助显示器的高分辨率，可以观看到清晰的高质量图像。此外，可以在一台显示器上同时观看 16 路甚至 32 路视频图像。

（5）数字视频监控系统易于管理和维护。数字视频监控系统主要由电子设备组成，集成度高，视频传输可利用有线或无线信道。这样，整个系统是模块化结构的，体积小，易于安装、使用和维护。

（6）数字视频监控系统监控效果更好。监控的目的是确保监控场所内财产和人身的高度安全，提高对灾害和突发事件的防御能力。只有计算机能完成这一复杂、艰巨、单一的工作，它不受各种人为因素的干扰，按部就班地按照预先设置的程序完成每一步工作，在监视外部的同时，对内部安保人员同样起到监督作用，避免渎职的发生。数字视频监控系统引入多媒体电子地图，使监控布局更加合理，更加直观，能最大限度地避免疏漏；在传统报警设备的基础上，融入最新的视频报警技术，可灵活机动地安插在视频覆盖的任何一个区域。

（7）数字视频监控系统更灵活。数字视频监控系统率先提出了模块化管理的思想，将视频模块、音频模块、报警模块、云台和镜头的控制模块、行动输出模块、遥控开关模块等通过计算机管理起来，大大减少了工作难度，使运行变得更加简单。

（8）数字视频监控系统可实现网络化管理。网络是在计算机的基础上建立发展起来的，在信息高速公路蓬勃发展的今天，单一传统的监控系统因其通用性差、不易扩展、不能网络化等致命缺点，势必会被历史所淘汰。现代大型企业，诸如集团公司、连锁企业、商场、银行、邮电、电力等信息交流广泛的企业和部门，对管理提出了更高一层的要求。数字视频监控系统建立起以计算机为中心的监控平台，为今后向网络化发展奠定了坚实的基础。

（9）数字视频监控系统可实现智能化控制。数字视频监控系统采用计算机为控

直通过单位面积的光通量。

12. 图像质量

图像质量是指图像信息的完整性，包括图像帧内对原始信息记录的完整性和图像帧连续关联的完整性，它通常按照如下的指标进行描述：像素构成、分辨率、信噪比、原始完整性等。

13. 实时性

实时性一般指图像记录或显示的连续性（通常帧率不低于25 fps的图像为实时图像）。在视频传输中，指终端图像显示与现场发生的同时性或及时性，它通常有延迟时间表征。

14. 图像清晰度与分辨率

图像清晰度与分辨率是人眼对电视图像细节辨认清晰程度的量度，在数值上等于在显示平面水平扫描方向上，能够分辨的最多的目标图像的电视线数。

15. 数字图像压缩

数字图像压缩是利用图像空间域、时间域、变换域等分布特点，采用特殊的算法，减少表征图像信息冗余数据的处理过程。

16. 视频音频同步

视频音频同步指视频显示的动作信息与音频的对应的动作信息具有一致性。

17. 报警图像复核

报警图像复核是当报警事件发生时，视频安防监控信息调用与报警区域相关图像的功能。

18. 报警联动

报警联动是报警信号发生时，引发报警设备以外的相关设备进行动作（报警图像复核、控制照明等）。

19. 视频移动报警

视频移动报警是利用视频技术探测现场图像变化，一旦达到设定阈值即发出报警信息的一种报警手段。

20. 视频信号丢失报警

视频信号丢失报警是当接收到视频信号的峰峰值小于设定阈值（视频信号丢失）时给出报警信息的功能。

1.4.2 视频安防监控系统常用操作方法

1. 视频安防监控系统矩阵主机的操作方法

第一步：按数字键，再按通道键，选择需调用显示图像的监视器（矩阵主机的输出通道），操作界面如图1—4所示。

第二步：按数字键，再按摄像机键，选择想调用的图像。

第三步：如显示图像的摄像机带云台和变焦功能，则可操作操纵杆左或右水平旋转、前或后上下旋转；按变焦键实现图像放大或者缩小，并聚焦。

第四步：切换组设定后，按组序号，可选择按该组序号的程序切换图像。

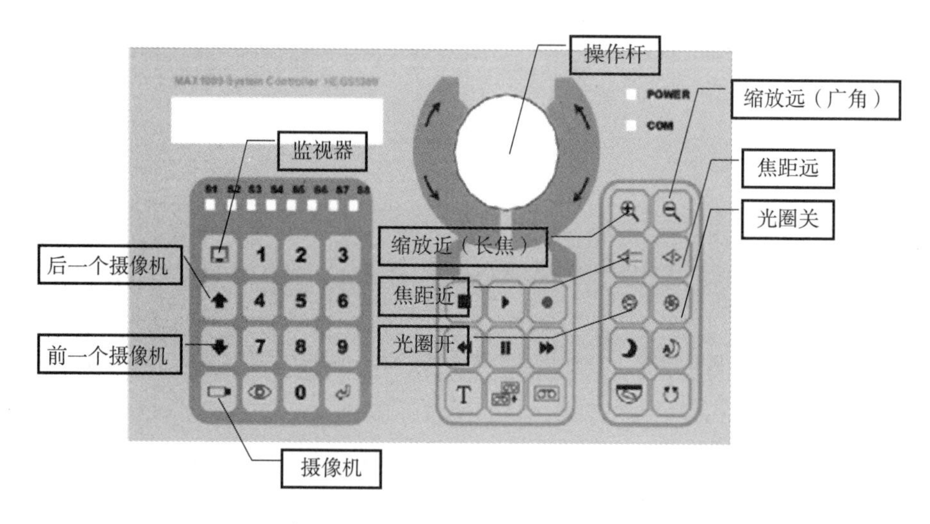

图1—4　视频安防监控系统操作界面

2. 视频安防监控系统硬盘录像机的操作方法

第一步：输入登录账号和操作密码，进入操作系统。

第二步：双击或单击监视图像，可放大监视图像。

第三步：点击“系统设置”，可进行系统码流量的调整，也可选择定码流或变码流。

第四步：点击“调节”可对图像的亮度、对比度、彩色度、饱和度做调整。

第五步：点击“云台”“变焦”，也可操作摄像机上、下、左、右、变焦和聚焦。

第六步：点击“回放”，先选择回放摄像机号，再选择年、月、日，点击“搜索”，选择回放该图像的时间，然后双击即可显示回放的图像。

第七步：重要的图像可检索后另存。

1.5　视频安防监控系统的日常维护和常见故障排除

1.5.1　视频安防监控系统的日常维护

安保人员上岗后应对系统进行全面检查，检查的目的是了解系统的工作状态是否正常，一旦发现异常，应尽快落实情况的汇报工作。系统的异常情况应由专业人士来解决。检查的项目包括：

1. 检查矩阵主机的编组切换状态是否正常。
2. 检查矩阵主机操作云台和快速球的功能是否正常。
3. 检查矩阵主机输出的每路视频信号是否正常，以及图像的清晰度。
4. 检查硬盘录像机显示的图像是否正常。
5. 检查硬盘录像机的录像状态是否正常，录像指示灯是否处于录像状态。
6. 检查机柜后侧设备的散热状态。
7. 做好显示设备的清洁工作。

1.5.2　视频安防监控系统常见故障排除

1. 矩阵主机常见故障排除

（1）功能操作迟钝或失灵

1）总线接口接反。由于视频安防监控系统采取总线制控制方法，总线上所有控制设备只要有一种设备的通信接口线的极性接反，就会造成操作迟钝和失灵，采用排除法找出错误接点才能解决。

2）通信线路开路。常见情况是这一控制器与总线连接接口接触不良。如总线中间有接头，检查是否已经脱落。

3）通信线短路。由于设备的通信能力较强，即使通信线有短路只表明在短路附近的设备有通信迟钝或时通时断。短接点反面的设备无法通信。排除方法是排查通信迟钝、失灵或时通时断处后面的线路。

4）控制键盘主控、分控设置错误。如在一个系统中有两个以上的控制键盘，应设置成一个主控、若干个分控，且分控必须按次序设置而不能重复。

（2）显示在监视器的图像发生扭曲、跳动或抖动，通常是由于输入的这路图像信号输入幅度小，同步信号小于0.25 Vp－p所致。应检查前段设备输出的图像信号是否达到基本要求，如检查前段摄像机视频信号分配器等。

（3）叠加在图像上的汉字或时钟跳动或抖动。通常是输入至视频矩阵的图像信号行场同步幅度小于极限值所致，排查摄像机或前端的视频分配器等，若是由于线缆衰减所致只能在前端增加视频补偿器使同步信号不得小于0.25 Vp－p（75 Ω）。

（4）监视器显示的图像上有干扰

1）检查视频矩阵输入图像，如果是线缆上有干扰或前端设备的干扰所致，前者加视频干扰抑制器后者应解决前端设备问题。

2）由于监视器之间的干扰所致。关闭有干扰图像监视器周围的其他监视器，若干扰消失则表示是监视器之间的电磁场辐射干扰所致。解决方案是在各监视器之间加金属屏蔽隔离板。关闭有干扰图像监视器周围的其他监视器仍有干扰时，要将所有的监视器三芯电源插头中的地线切断，与电源三芯插座中的地线连接即可解决。

2. 硬盘录像机常见故障排除

（1）运行软件时，出现“非法用户”对话框

1）检查软件加密锁是否插好，或主机的并口通信是否有问题。

2）检查软件加密锁的驱动程序是否安装好，安装完成后是否将主机重新启动，只有执行重启，驱动程序才能生效。

（2）运行软件时，在进入系统的密码界面上，没有出现用户名填写的文本框，致使用户无法进入软件主界面。这种现象是软件根目录下“软件设置命令”文件冲突导致的。见此情况，请删除软件根目录下“软件设置命令”文件，然后即可进入软件，但系统设置必须重新修改，以前的设置已被删除，设置完后，请退出录像软件（软件即会自动生成新的“软件设置命令”文件），然后再进入系统即可正常运行。

（3）进入系统主界面，出现“串口通信错误”对话框，只需在系统设置界面内“设置1端口”和“探测器”前的方框内设置，即可消除。

（4）软件显示均正确，但不能录像，一旦点击录像按钮，软件即提示“不能建立根目录”。出现这种情况，请先强行退出软件，然后检查主机硬盘名称是否设置正确、硬盘是否都格式化完成，常见情况为：光驱名设置为了D盘，而录像软件设置录像盘从D盘开始，将名称改掉即可。

（5）在系统正常运行一段时间后，提示“不能建立根目录”。出现这种情况，请检查软件设置界面内是否在“循环存储”方框内打钩。

（6）图像在放大或变化界面时，有条纹或雪花现象出现，可能是视频压缩卡与插

槽位接触的“金手指”部位接触不良。可将主机先关闭，然后取出视频压缩卡，用橡皮在“金手指”正反部位用力摩擦，即可消除显示不正常状况。

（7）软件界面不能全屏显示时，请检查显示属性，检查设置是否为1 024×768，如不能设置，可能是显卡的驱动程序没安装好，如驱动程序已安装好，则有可能是不支持此种显卡，需更换显卡。

本章测试题

一、判断题（将判断结果填入括号中。正确的填“√”，错误的填“×”）

1. 视频安防监控系统可以分为模拟、半数字和全数字3类。（　　）

2. 视频安防监控系统由前端设备、视频信号传输设备、视频主机和图像记录设备构成。（　　）

3. 视频安防监控系统前端设备主要用于图像信号的采集和分析。（　　）

4. 环境照度偏低的场合可选用一体化球形摄像机。（　　）

5. 选用合适的镜头，要参考采集目标图像的大小、清晰度、透光量、摄像机安装位置与目标图像的距离等因素。（　　）

6. 云台能带动摄像机前、后、左、右转动，适用于动态范围较小的场合。（　　）

7. 视频信号传输就是将采集的图像以电信号的方式，传输至监控中心的信号处理设备。（　　）

8. 视频矩阵切换主机的所有功能都可以通过操作键盘来得以实现。（　　）

9. 手机视频监控采用3G通信技术，使用手机进行视频监控已经成为现实。（　　）

10. 图像记录设备采用数字硬盘录像机来存储图像资料。（　　）

11. 远程数字视频监控系统打破了传统的结构，依靠功能强大的计算机，不仅可以处理文本、数据、图形等，还可以处理视频、声音等信息，成为真正的多媒体监控终端。（　　）

12. 数字视频监控系统除了具有传统闭路电视监视系统的所有功能，还增加了远程视频传输与回放功能。（　　）

13. 数字视频监控系统由摄像机、解码器和主控显示记录设备三大部分组成。（　　）

14. 数字视频监控系统的传输方式有：有线传输方式、无线传输方式、微波传输方式、光纤传输方式、双绞线平衡传输方式、电话线传输方式等。 ( )

15. 闭路电视监控系统的类型有切换器控制、矩阵控制和多媒体 3 类。 ( )

16. 摄像机是将现场图像重新显示的设备。 ( )

17. 矩阵切换器是系统的核心部件，它可控制现场摄像机、云台、镜头、辅助触点输出等，同时还能将输入的现场信号切换至输出的监视器上。 ( )

18. 数字视频监控系统的报警录像功能，可设定为“当警报触发后再录像”，以便于回放。 ( )

19. 视频安防监控相对于安保人员“实兵巡逻”防范而言，虽然具有覆盖面广、适应性强等特点，但隐蔽性欠佳。 ( )

20. 在安保工作中，视频安防监控相对于安保人员“实兵巡逻”防范而言，具有隐蔽性佳、覆盖面广等特点。 ( )

21. 视频安防监控可以在较为隐蔽的地方实时监控安保区域的情况，在不法分子准备作案前发现情况，从根本上预防案（事）件的发生。 ( )

22. 视频安防监控可以在较为隐蔽的地方实时控制安保区域的情况。 ( )

23. 只要在守护点上安装视频安防监控摄像机，就能确保安保目标的安全。 ( )

24. 视频安防监控可以解决人力有所不及的情况，只要在守护点上安装足够的视频安防监控摄像机，守护点的各个部位就能一目了然，实时掌控。 ( )

25. 视频安防监控室的安保当值人员在操作台上操控监控摄像机，不管白天、黑夜、寒风、酷日、暴雨，均能对安保目标或区域进行实时保卫。 ( )

26. 视频安防监控室的安保当值人员在操作台上操控监控摄像机，在断电时也能对安保目标或区域进行实时保卫。 ( )

27. 从案（事）件存续状态来看，视频安防监控在安保工作中的作用，主要体现在事前锁定、事中排查、事后回放 3 个方面。 ( )

28. 从案（事）件存续状态来看，视频安防监控在安保工作中的作用，主要体现在事前发现、事中锁定、事后排查 3 个方面。 ( )

29. 视频安防监控室安保当值人员通过“视频巡逻”，实时观察安保区域内的可疑人、车，对重点要害目标实施远程守护，一旦发现安保区域内的异常情况只能报告，无权处置。 ( )

30. 视频安防监控室安保当值人员通过“视频巡逻”，实时观察安保区域内的可疑

人、车，对重点要害目标实施远程守护，一旦发现安保区域内的异常情况，可以立即进行处置。（　　）

31. 案（事）件发生过程中，视频安防监控室安保当值人员无须运用视频安防监控摄像机，锁定案（事）件当事人，为该案（事）件现场处置人员提供必要的策应支撑。（　　）

32. 案（事）件发生过程中，视频安防监控室安保当值人员运用视频安防监控摄像机的工作任务包括开展安保区域“视频巡逻”、为该案（事）件现场处置人员提供必要的策应支撑。（　　）

33. 案（事）件发生后，视频安防监控室安保当值人员可通过回放视频安防监控录像，还原案（事）件发生的经过，从中梳理、查找有价值的线索，为办案民警查找嫌疑人提供明确的侦查方向或依据。（　　）

34. 案（事）件发生后，视频安防监控室安保当值人员可回放视频安防监控录像，其作用包括为纠纷双方辨明事件发生的因果关系提供有力证据。（　　）

35. 视频安防监控设备必须24 h开启，在人手比较紧张的情况下，可以不配置人员值守。（　　）

36. 视频安防监控的重点应包括重点安保部位、重点安保区域、与重点部位或区域相联通的必经通道。（　　）

37. 从运作的实际效果出发，建议视频安防监控室安保当值人员班次轮转采用“三班二运转”的方式。（　　）

38. 从运作的实际效果出发，建议视频安防监控室安保当值人员班次轮转采用“四班三运转”的方式。（　　）

39. 视频安防监控室安保当值人员应根据监控摄像机等级确定关注程度，调整视频安防监控浏览的时间与频率。（　　）

40. 视频安防监控室安保当值人员对监控摄像机实行分级管理，应根据监控摄像机等级调整视频安防监控浏览的时间与频率。（　　）

41. 视频安防监控室安保当值人员在进行“视频巡逻”时，应建立和完善与进行“实兵巡逻”安保人员的信息联通、安全联防、责任共担的双向勤务联动机制。（　　）

42. 视频安防监控室安保当值人员在进行“视频巡逻”时，应建立和完善与进行“实兵巡逻”安保人员的信息联通、安全联防、相互交叉的双向勤务联动机制。（　　）

43. 视频安防监控室安保当值人员在进行“视频巡逻”时还应与管辖地的派出所建立联勤，保持信息联通、安全联防、打击联手的联动机制，共同打击各类违法犯罪活动，履行社会面治安防控的职责，为辖区的治安防控做出贡献。（ ）

44. 视频安防监控室安保当值人员在进行“视频巡逻”时还应与管辖地的公安局建立联勤，保持信息联通、安全联防、打击联手的联动机制，共同打击各类违法犯罪活动。（ ）

45. 视频安防监控室安保当值人员在进行“视频巡逻”时所制定的巡逻勤务方案，不应与“实兵巡逻”的安保人员的勤务方案相匹配。（ ）

46. 视频安防监控勤务方案要与“实兵巡逻”的勤务方案相匹配，两者应根据安保目标的实际需求，或互为叠加，或相互交叉，形成相互支撑、相互补充的巡逻防控格局。（ ）

47. 视频安防监控室安保当值人员在进行“视频巡逻”时，监控摄像机布局不应根据安保目标的重要性或安保区域内的重点部位、治安形势实际情况的变化而调整，一定不可调整“视频巡逻”的重点，要凸显视频安防监控的针对性。（ ）

48. 视频安防监控室安保当值人员在进行“视频巡逻”时，监控摄像机布局应根据安保目标的重要性或安保区域内的重点部位、治安形势实际情况的变化调整，实时调整“视频巡逻”的重点，凸显视频安防监控的针对性和有效性。（ ）

49. 视频安防监控室安保当值人员“视频巡逻”的勤务方案的主要内容，包括视频安防监控室安保当值人员安排、运作班次、值守重点安保目标、重点区域、重点时段、最小勤务单元（单个监控摄像机）的主要勤务方式、勤务时段等。（ ）

50. 视频安防监控室安保当值人员“视频巡逻”的勤务方案的主要内容，包括视频安防监控室安保当值人员安排、值守重点安保目标、最小勤务单元（单个监控摄像头）的主要勤务方式等，包括重点时段和重点区域。（ ）

51. 视频安防监控室安保当值人员“视频巡逻”的勤务方案必须与“实兵巡逻”的安保人员的勤务方案完全一致，形成点线面体叠加交错、相互支撑、互为补充的勤务体系。（ ）

52. 视频安防监控室安保当值人员“视频巡逻”的勤务方案必须与“实兵巡逻”的安保人员的勤务方案相匹配，形成点线面叠加交错、相互支撑、互为补充的勤务体系，以提高“视频巡逻”和“实兵巡逻”两者的综合效能。（ ）

53. 视频安防监控室安保当值人员对重点安保目标和区域实施定点监控、重点巡视时，应与“实兵巡逻”安保人员的现场巡逻时间、路线一致，以提高巡逻频率。
（ ）

54. 视频安防监控室安保当值人员对重点安保目标和区域实施定点监控、重点巡视时，应与“实兵巡逻”的安保人员的现场巡逻时间错开，以提高巡逻频率。（ ）

55. “视频巡逻”监控摄像机的勤务方式主要有定点监视、线状巡视、环状扫视、多点复视等。这些勤务方式只能单独使用。（ ）

56. “视频巡逻”监控摄像机的勤务方式包括定点监视、线状巡视和多点复视。
（ ）

57. 定点监视主要用于对安保重点目标、部位、易发生警情区域的“视频巡逻”。
（ ）

58. 定点监视主要用于对治安情况复杂区域或易发生火灾区域的“视频巡逻”。
（ ）

59. 线状巡视是视频安防监控室安保当值人员在进行“视频巡逻”时，通过变换摄像机焦距，由近及远或由远到近对块状区域开展线状定期巡视的一种工作方法。
（ ）

60. 视频安防监控室安保当值人员在进行“视频巡逻”时，通过变换摄像机焦距，由近及远或由远到近对条状区域开展线状定期巡视，这种方法不适用于广场等区域。
（ ）

61. 在对广场和较为开阔区域进行“视频巡逻”时，为了全面掌握视频安防监控摄像机管控范围内的情况，视频安防监控室安保当值人员可运用视频安防监控摄像机的云台旋转功能转换摄像机方向，对以摄像机为中心360°范围内的区域实施全面观察。
（ ）

62. 对广场和较为开阔区域的“视频巡逻”，一般采用多点复视。（ ）

63. 在对发生情况的目标锁定观察，以及实施追踪、围捕时，为了全面掌握安保目标的安全，视频安防监控室安保当值人员可调整目标周边的几个视频监控摄像机，同时从多个角度反复观察，或操作多个监控摄像机，对可疑人员、车辆或其他可疑情况实施接力跟踪。（ ）

64. 在开展固定目标“视频巡逻”时，视频安防监控室安保当值人员对发生情况的目标锁定观察和追踪，可调整目标周边的几个视频监控摄像机，同时从多个角度反复观察或操作多个监控摄像机，对可疑人员、车辆或其他可疑情况实施接力跟踪。这种方法是多点复视。（ ）

65. 为了能使安保工作达到最佳的效果，在“实兵巡逻”的勤务方案调整后，视频安防监控的“视频巡逻”勤务方案可以根据实际情况暂缓调整。（　）

66. 为了能使安保工作达到最佳的效能，视频安防监控的“视频巡逻”勤务方案，必须跟随“实兵巡逻”勤务方案的调整而调整，确保两者能形成点线面叠加交错、相互支撑、互为补充的勤务体系。（　）

67. 因为视频监控室安保当值人员“视频巡逻”的勤务方案是以单个监控摄像机作为“视频巡逻”的最小勤务单位制定的，所以“视频巡逻”的勤务方案将随着安保对象的变动进行调整。（　）

68. 宾馆大堂展示一件名贵的艺术品时，视频安防监控室安保当值人员应及时调整“视频巡逻”的监控摄像机朝向，对其进行叠加看护。（　）

69. 安保区域内的治安隐患会因为管控力度的加强而发生变化，在消除原有治安隐患的同时，新的治安隐患不一定会产生。因此，“视频巡逻”勤务方案不一定做相应的调整。（　）

70. 安保区域内的治安隐患会因为管控力度的加强而发生变化，在消除原有治安隐患的同时，新的治安隐患还会产生。因此，“视频巡逻”勤务方案也要随之进行相应的调整。（　）

71. 根据安保目标、区域不同，可将视频安防监控摄像机分为“重要”“次重要”“关注”和“一般”4 个等级。（　）

72. 根据安保目标、区域不同，可将视频安防监控摄像机分为“重点”“关注”和“一般”3 个等级。（　）

73. 视频安防监控摄像机的值守等级，应根据安保目标或安保区域在不同时间段的具体情况和要求，进行动态调整。（　）

74. 视频安防监控摄像机的值守等级，应根据安保目标或安保区域在不同时间段的具体情况和要求，进行时段调整。（　）

75. 视频安防监控室安保当值人员应准时到达，直接上岗开始工作。（　）

76. 视频安防监控室安保当值人员必须在《视频安防监控室当班日志》内记录该班内发生的具体情况，并向接班人员移交《视频安防监控室当班日志》即可。（　）

77. 视频安防监控室安保当值人员必须在《视频安防监控室当班日志》内记录该班内发生的具体情况。（　）

78. 交接班工作的内容有：当班主要工作情况、视频安防监控设备运行状况、安保目标或区域内即时的治安状况、其他需要交接的情况。（　）

79. 交接班工作的内容包括 24 h 内监控记录。（ ）

80. 视频安防监控室安保当值人员应按要求，采集在监控中发现的治安、刑事类情况信息，记录的内容包括安保区域内发生“110”警情的情况。（ ）

81. 视频安防监控室安保当值人员应按要求，采集在监控中发现的治安、刑事类情况信息，记录的内容不包括安保区域内存在的治安、刑事隐患。（ ）

82. 视频安防监控室安保当值人员应按要求，采集在监控中发现的安全类情况信息，记录的内容包括安保区域内可能发生的交通安全隐患。（ ）

83. 视频安防监控室安保当值人员应按要求，采集在监控中发现的安全类情况信息，记录的内容包括安保区域内的水、电、火等安全隐患。（ ）

84. 若当班过程中发现视频安防监控设备运行故障，视频安防监控室安保当值人员应及时通知专业人员维护修理，故障排除后无须将故障情况进行记录。（ ）

85. 若当班过程中发现视频安防监控设备运行故障，视频安防监控室安保当值人员应及时通知专业人员维护修理，故障排除后需将故障情况进行记录。（ ）

86. 若当班过程中发现视频安防监控设备运行故障，视频安防监控室安保当值人员应记录内部设备运行情况，记录的内容包括视频安防监控显示屏运行情况。（ ）

87. 视频安防监控室安保当值人员应按要求，将当班过程中发现的视频安防监控设备运行故障情况进行记录。内部设备运行情况记录的内容包括视频安防监控存储设备运行情况。（ ）

88. 视频安防监控室安保人员当班值守时，如有亲戚或朋友来访，允许暂时离开岗位到监控室外接待，但时间不能过长。（ ）

89. 视频安防监控室安保人员当值时必须遵守的勤务纪律是：禁止与他人聊天、电话闲聊，禁止看书、报、杂志等，禁止擅自离岗，禁止睡觉等不履职情况。（ ）

90. 视频安防监控室安保人员当值时，可以根据自己喜好任意改变图像监控系统的用途。（ ）

91. 视频安防监控室安保人员当值时，必须遵守相关的保密纪律，禁止利用监控摄像机从事偷窥行为。（ ）

二、单项选择题（选择一个正确的答案，将相应字母填入题内的括号中）

1. 数字视频安防监控系统的前端设备和视频主机以数字信号的方式进行（ ）。

A. 信号摄取和信号传输　　B. 信号传输和信号处理

C. 信号摄取和信号处理　　D. 信号传输和信号存储

2. 视频安防监控系统由前端设备、视频信号传输设备、（ ）和图像记录设备

构成。

A. 视频主机　　B. 解码器　　C. 时序切换设置　　D. 多点巡视设置

3. 视频安防监控系统前端设备主要用于图像信号的采集，其中不包括（　　）。

A. 摄像机　　B. 云台　　C. 分组切换装置　　D. 防尘器

4. 摄像机的功能是完成图像的采集工作，根据场合的不同可选用合适的种类，其中不包括（　　）。

A. 枪式摄像机　　B. 带紫外摄像机　　C. 半球摄像机　　D. 针孔摄像机

5. 监视动态目标范围较大的场合可选用（　　）。

A. 半球摄像机　　B. 枪式摄像机

C. 带红外摄像机　　D. 一体化球形摄像机

6. 根据摄像机安装位置与目标图像的距离选用合适的镜头，其作用不包括（　　）。

A. 调整采集目标图像角度　　B. 调整采集目标图像大小

C. 调整清晰度　　D. 调整透光量

7. 针孔摄像机一般在（　　）使用。

A. 教室里　　B. 宾馆走廊上　　C. 银行 ATM 机上　　D. 商场里

8. 云台能带动摄像机上、下、左、右转动，适用于（　　）的场合。

A. 静态范围较大　　B. 静态范围较小　　C. 动态范围较大　　D. 动态范围较小

9. 解码器受控于系统控制设备的操作控制，完成系统控制设备的解码指令，其负责供电的对象不包括（　　）。

A. 防尘器　　B. 云台　　C. 电动镜头　　D. 变焦镜头

10. 视频信号传输就是将采集的图像，以（　　）的方式传输至监控中心的信号处理设备。

A. 电信号　　B. 光信号

C. 磁信号　　D. 电信号和光信号

11. 视频主机通常以矩阵切换主机为中心设备，其主要的功能不包括（　　）。

A. 操作图像任意编组切换

B. 操作解码器使云台上、下、左、右转动

C. 操作摄像机拍摄视频

D. 操作解码器使镜头开闭光圈、变焦、聚焦

12. 视频矩阵主机的基本功能不包括（　　）。

A. 时序切换设置　　B. 多点巡视设置　　C. 时钟设置　　D. 自动报警设置

13. 多媒体操作系统软件的操作方式不包括（　　）。

A. 点击操作面板　　B. 点击浏览器

C. 点击工具栏上的按钮　　D. 点击右键菜单

14. 视频监控系统技术的发展经历了（　　）的过程。

A. 模拟、半数字、全数字　　B. 半模拟、模拟、半数字、全数字

C. 模拟、数字　　D. 半模拟、模拟、数字

15. 第三代视频监控系统以网络为依托，以数字视频的（　　）为核心，以智能实用的图像理解和分析为特色，引发了视频监控行业的技术革命。

A. 传输、存储和播放　　B. 压缩、传输和存储

C. 压缩、传输、解码和播放　　D. 压缩、传输、存储和播放

16. 数字视频监控系统的三大组成部分不包括（　　）。

A. 摄像机等前端设备　　B. 传输系统

C. 光电信号压缩还原系统　　D. 主控显示记录设备

17. 数字视频监控系统的传输方式，不包括（　　）方式。

A. 双绞线平衡传输　　B. 电缆传输　　C. 无线传输　　D. 光纤传输

18. 网络化数字监控具有强大的功能，但不包括（　　）功能。

A. 远端网络监视　　B. 报警录像

C. 画面设置　　D. 设定抗干扰等级

19. 视频安防监控在安保工作中，相对于安保人员“（　　）”防范而言，具有隐蔽性佳、覆盖面广、适应性强的特点。

A. 实兵巡逻　　B. 定点守护　　C. 守候伏击　　D. 观察识别

20. 视频安防监控在安保工作中，相对于安保人员“实兵巡逻”防范而言，不具有（　　）的特点。

A. 隐蔽性佳　　B. 流动性强　　C. 覆盖面广　　D. 适应性强

21. 视频安防监控可以在（　　）实时监控安保区域的情况，在不法分子准备作案前发现情况，从根本上预防案（事）件的发生。

A. 单位大门口　　B. 公共场合

C. 较为隐蔽的地方　　D. 材料仓库

22. 视频安防监控可以在较为隐蔽的地方（　　）安保区域的情况，在不法分子准备作案前发现情况，从根本上预防案（事）件的发生，更为有效地保护安保目标的安全。

A. 延时监控　　B. 实时控制　　C. 延时监视　　D. 实时监控

23. 视频安防监控可以解决人力有所不及的情况，只要在（　　）安装足够的视频监控摄像机，各类案（事）件发生、发展的过程就能一目了然，实时掌控。

A. 十字路口　　B. 公共场合　　C. 单位出入口　　D. 守护点上

24. 视频安防监控可以解决人力有所不及的情况，只要在守护点上安装足够的视频监控摄像机，守护点的（　　）就能一目了然，实时掌控。

A. 关键部位　　B. 重要部位　　C. 各个部位　　D. 隐蔽部位

25. 视频安防监控室的安保当值人员在操作台上操控监控摄像机，不管（　　），均能对安保目标或区域进行实时保卫。

A. 白天、黑夜、酷日、梅雨、台风　　B. 白天、寒天、酷日、暴雨、台风

C. 白天、黑夜、寒风、台风、暴雨　　D. 白天、黑夜、寒风、酷日、暴雨

26. 视频安防监控室的安保当值人员在操作台上操控监控摄像机，除（　　）外，均能对安保目标或区域进行实时保卫。

A. 白天　　B. 断电　　C. 暴雨　　D. 黑夜

27. 从案（事）件存续状态来看，视频安防监控在安保中的作用，主要体现在（　　）3 个方面。

A. 事前锁定、事中锁定、事后排查　　B. 事前发现、事中跟踪、事后排查

C. 事前发现、事中锁定、事后排查　　D. 事前发现、事中跟踪、事后锁定

28. 从案（事）件存续状态来看，视频安防监控在安保中的作用，不正确的是（　　）。

A. 事前排查　　B. 事前发现　　C. 事中锁定　　D. 事后排查

29. 视频安防监控室安保当值人员通过“视频巡逻”，实时（　　）安保区域内的可疑人、车，对重点要害目标实施远程守护。

A. 跟踪　　B. 发现　　C. 锁定　　D. 排查

30. 视频安防监控室安保当值人员通过“视频巡逻”，实时观察安保区域内的可疑人、车，对重点要害目标实施远程守护，一旦发现安保区域内的异常情况（　　）。

A. 可以立即进行处置　　B. 无权进行处置

C. 立即报告　　D. 继续跟踪

31. 案（事）件发生过程中，视频安防监控室安保当值人员要及时运用视频安防监控摄像机，（　　），锁定案（事）件当事人、收集与案（事）件相关的证据，为该案（事）件现场处置人员提供必要的策应。

A. 监控案（事）件处置的关键过程　　B. 监控案（事）件处置的重点过程

C. 全程监控案（事）件发展过程　　D. 全程监控案（事）件处置的全过程

32. 案（事）件发生过程中，视频安防监控室安保当值人员运用视频安防监控的工作任务包括（　　）、为该案（事）件现场处置人员提供必要的策应。

A. 开展安保区域视频巡逻　　B. 全程监控案（事）件处置的全过程

C. 锁定案（事）件当事人　　D. 收集与案（事）件相关证据

33. 案（事）件发生后，视频安防监控室安保当值人员配合办案民警的工作内容不包括（　　）。

A. 提供视频安防监控录像　　B. 指导、明确侦查方向

C. 还原案（事）件发生的经过　　D. 梳理、查找有价值的线索

34. 案（事）件发生后，视频安防监控室安保当值人员可回放视频安防监控录像，其作用不包括（　　）。

A. 为办案民警查找嫌疑人提供明确的侦查方向或依据

B. 为纠纷双方辨明事件发生的因果关系提供有力证据

C. 为求助群众提供必要的视频安防监控图像技术的帮助

D. 为案（事）件嫌疑人提供视频信息查询

35. 视频安防监控设备必须（　　），配置专门人员轮班运转。

A. 8 h 开启　　B. 12 h 开启

C. 24 h 开启　　D. 白天关闭，夜晚开启

36. 视频安防监控室安保当值人员必须对重点安保对象或部位进行24 h 视频安防监控。视频安防监控重点不包括（　　）。

A. 空旷区域

B. 重点安保部位

C. 重点安保区域

D. 与重点部位或区域相联通的必经通道

37. 从运作的实际效果出发，建议视频安防监控室安保当值人员班次轮转采用（　　）的方式。

A. 12 h 轮班运转　　B. 24 h 轮班运转

C. “三班二运转”　　D. “四班三运转”

38. 从运作的实际效果出发，建议视频安防监控室安保当值人员班次轮转采用“四班三运转”的方式。每班次安保当值人员数控制在（　　）。

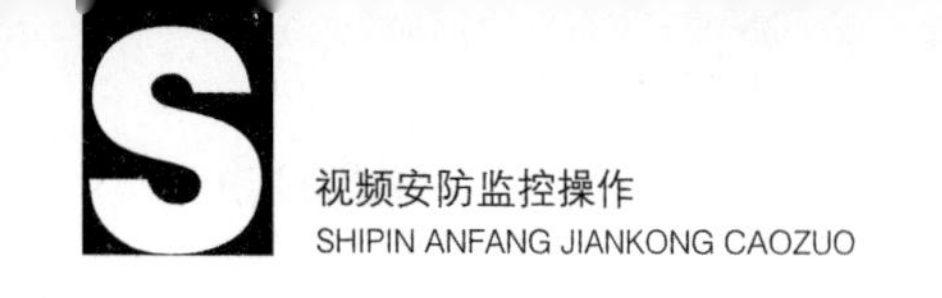

A. 每个工位 1 名　　B. 每个工位不多于 2 名
C. 每个工位不多于 3 名　　D. 白天每 2 个工位 1 名

39. 视频安防监控室安保当值人员对监控摄像机实行分级管理，应根据监控摄像机等级（　　）。
A. 确定关注程度，调整视频安防监控浏览的时间
B. 确定关注程度，调整视频安防监控浏览的频率
C. 确定关注程度，调整视频安防监控浏览的时间与频率
D. 调整视频安防监控浏览的时间与频率

40. 视频安防监控室安保当值人员在进行“视频巡逻”时，要根据（　　）等因素，对监控摄像机实行分级管理。
A. 安保目标的重要性、监控摄像机覆盖区域内治安状况
B. 安保目标的重要性、重点部位的分布
C. 监控摄像机覆盖区域内治安状况、重点部位的分布
D. 安保目标的重要性、监控摄像机覆盖区域内治安状况、重点部位的分布

41. 视频安防监控室安保当值人员在进行“视频巡逻”时，应建立和完善与进行“实兵巡逻”的安保人员的（　　）的双向勤务联动机制，共同承担预防、制止各类违法犯罪活动发生的责任，切实保护好安保对象的生命、财物安全。
A. 信息联通、安全联防、相互交叉　　B. 信息联通、责任共担、相互交叉
C. 信息联通、安全联防、责任共担　　D. 相互交叉、安全联防、责任共担

42. 视频安防监控室安保当值人员在开展“视频巡逻”时，应建立和完善与进行“实兵巡逻”的安保人员的双向勤务联动机制中不包括（　　），应共同承担预防、制止各类违法犯罪活动发生的责任，切实保护好安保对象的生命、财物安全。
A. 信息联通　　B. 相互交叉　　C. 安全联防　　D. 责任共担

43. 视频安防监控室安保当值人员在进行“视频巡逻”时还应与管辖地的派出所（　　）的联动机制，共同打击各类违法犯罪活动，履行社会面治安防控的职责。
A. 建立信息联通、安全联防、打击联手
B. 保持信息联通、安全联防、打击联手
C. 建立联勤，保持信息联通、安全联防
D. 建立联勤，保持信息联通、安全联防、打击联手

44. 视频安防监控室安保当值人员在进行“视频巡逻”时还应与管辖地的（　　）建立联勤，保持信息联通、安全联防、打击联手的联动机制，共同打击各类违法犯罪

活动。

A. 派出所　　B. 政府　　C. 公安局　　D. 街道

45. 视频安防监控勤务方案要与“实兵巡逻”的勤务方案相匹配，两者应根据安保目标的实际需求，或互为叠加，或相互交叉，形成相互支撑、相互补充的（　　）。

A. 守护防控格局　　B. 巡逻防控格局

C. 立体防控格局　　D. 人防技防防控格局

46. 视频安防监控勤务方案要与“实兵巡逻”的勤务方案相匹配，两者应根据安保目标的实际需求，或互为叠加，或相互交叉，形成（　　）的巡逻防控格局。

A. 相互关联、相互补充　　B. 相互支撑、相互补充

C. 相互支援、相互补充　　D. 相互支撑、责任共担

47. 视频安防监控室安保当值人员在进行“视频巡逻”时，监控摄像机布局应根据（　　）而调整，实时调整“视频巡逻”的重点，要凸显视频安防监控的针对性和有效性。

A. 安保区域内重点部位的变化

B. 安保目标的重要性

C. 安保区域内治安形势实际情况的变化

D. 安保目标的重要性或安保区域内重点部位、治安形势实际情况的变化

48. 视频安防监控室安保当值人员在进行“视频巡逻”时，监控摄像机布局应根据安保目标的重要性或安保区域内重点部位、治安形势实际情况的变化而调整，实时调整“视频巡逻”的重点，要凸显视频安防监控的（　　）。

A. 针对性和准确性　　B. 关联性和有效性

C. 针对性和有效性　　D. 针对性和灵活性

49. 视频安防监控室安保当值人员“视频巡逻”勤务方案的主要内容，包括视频安防监控室安保当值人员安排、值守重点安保目标、最小勤务单元（单个监控摄像机）的主要勤务方式等，不包括（　　）。

A. 运作班次　　B. 重点时段、重点区域

C. 节假日安排　　D. 勤务时段

50. 视频安防监控室安保当值人员“视频巡逻”勤务方案的主要内容，包括运作班次、值守重点安保目标、重点区域、重点时段、最小勤务单元（单个监控摄像机）的主要勤务方式、勤务时段等，不包括（　　）。

A. 监控室安保当值人员安排　　B. 应急预案

C. 值守重点安保目标　　　　　　　　　D. 最小勤务单元的主要勤务方式

51. 视频安防监控室安保当值人员“视频巡逻”的勤务方案必须与“实兵巡逻”安保人员的勤务方案（　　），形成点线面叠加交错、相互支撑、互为补充的勤务体系，以提高“视频巡逻”和“实兵巡逻”两者的综合效能。

A. 完全一致　　　B. 完全相反　　　C. 相匹配　　　D. 基本一致

52. 视频安防监控室安保当值人员“视频巡逻”的勤务方案必须与“实兵巡逻”安保人员的勤务方案相匹配，形成点线面（　　）的勤务体系，以提高“视频巡逻”和“实兵巡逻”两者的综合效能。

A. 叠加交错、相互支持、互为基础　　　B. 叠加交错、相互支撑、互为补充

C. 相互叠加、相互融合、相互补充　　　D. 相互叠加、相互补充、互为依托

53. 视频安防监控室安保当值人员对重点安保目标和区域实施定点监控、重点巡视时，应与参加“实兵巡逻”的安保人员的现场巡逻（　　），以提高巡逻频率。

A. 有分有合　　　B. 前后分开　　　C. 时间一致　　　D. 时间错开

54. 视频安防监控室安保当值人员对重点安保目标和区域实施定点监控、重点巡视时，应与参加“实兵巡逻”的安保人员的现场巡逻时间错开，以提高（　　）。

A. 巡逻频率　　　B. 工作效率　　　C. 巡逻质量　　　D. 巡逻覆盖区域

55. “视频巡逻”监控摄像机的勤务方式不包括（　　）。

A. 定点监视　　　B. 线状巡视　　　C. 上下扫视　　　D. 多点复视

56. “视频巡逻”监控摄像机的勤务方式主要有定点监视、（　　）、多点复视等。这些勤务方式可单独使用，也可根据摄像机所覆盖区域的实际情况灵活组合运用。

A. 线状巡视、平面扫视　　　B. 线状巡视、环状扫视

C. 定时监视、定点复视　　　D. 多点监视、线状扫视

57. 定点监视是视频安防监控室安保当值人员利用视频安防监控摄像机持续监控特定的安保目标的工作方法，主要用于对安保重点目标、部位，（　　）的“视频巡逻”。

A. 交通事故频发区域　　　B. 治安情况复杂区域

C. 易发生火灾区域　　　D. 易发生警情区域

58. 定点监视是视频安防监控室安保当值人员利用视频安防监控摄像机持续监控特定的安保目标的工作方法，主要用于对（　　）、易发生警情区域的“视频巡逻”。一般情况下，定点监视的监控图像应固定显示在监控屏幕上。

A. 治安情况复杂区域　　　B. 成品仓库

C. 重点目标、部位　　　D. 商场收银台

59. 视频安防监控室安保当值人员在进行“视频巡逻”时，通过（　　），由近及远或由远到近对条状区域开展线状定期巡视，主要适用于对安保区域内道路、通道等条状区域的“视频巡逻”。

A. 变换摄像机焦距　　B. 切换镜头

C. 改变摄像机方向　　D. 360°旋转摄像机

60. 视频安防监控室安保当值人员在开展“视频巡逻”时，通过变换摄像机焦距，由近及远或由远到近对条状区域开展线状定期巡视，这种方法不适用于（　　）等区域。

A. 道路　　B. 通道　　C. 广场　　D. 主干道

61. 为了全面掌握视频安防监控摄像机管控广场范围内的情况，视频安防监控室安保当值人员在“视频巡逻”时可运用视频安防监控摄像机的云台旋转功能转换摄像机方向，对以摄像机为中心（　　）范围内的区域实施全面观察。

A. 45°　　B. 90°　　C. 180°　　D. 360°

62. 对广场和较为开阔区域的“视频巡逻”，一般采用（　　）。

A. 定点监视　　B. 环状扫视　　C. 线状巡视　　D. 多点复视

63. 在进行固定目标“视频巡逻”，对发生情况的目标锁定观察并实施追踪、围捕时，为了全面掌握安保目标的安全，视频安防监控室安保当值人员可调整目标周边的几个视频监控摄像机，同时从多个角度反复观察，或操作多个监控摄像机，对可疑人员、车辆或其他可疑情况实施（　　）。

A. 截停围捕　　B. 分析比较　　C. 接力跟踪　　D. 定点排摸

64. 在进行固定目标“视频巡逻”时，视频安防监控室安保当值人员对发生情况的目标锁定观察和追踪，为了全面掌握安保目标的安全，可调整目标周边的几个视频监控摄像机，同时从多个角度反复观察或操作多个监控摄像机，对可疑人员、车辆或其他可疑情况实施接力跟踪。这种方法是（　　）。

A. 定点监视　　B. 环状扫视　　C. 线状巡视　　D. 多点复视

65. 为了能使安保工作达到最佳的效能，视频安防监控的“视频巡逻”勤务方案，必须跟随“实兵巡逻”勤务方案的调整而调整，确保两者能形成（　　）叠加交错、相互支撑、互为补充的勤务体系。

A. 点线面体　　B. 点线面　　C. 线面体　　D. 点面体

66. 为了能使安保工作达到最佳的效能，视频安防监控的“视频巡逻”勤务方案，必须跟随“实兵巡逻”勤务方案的调整而调整，两者的关系不包括（　　）。

A. 互不相干　　B. 相互支撑　　C. 叠加交错　　D. 互为补充

67. 宾馆大堂展示一件名贵的艺术品时，视频安防监控室安保当值人员应及时调整“视频巡逻”的监控摄像机朝向，对其进行（　　）。

A. 特别看护　　B. 定点看护　　C. 叠加看护　　D. 重点看护

68. 当国际会议中心接待一批重要客人时，视频安防监控室安保当值人员应及时调整“视频巡逻”的监控摄像机朝向，对其活动区域进行（　　）。

A. 特别看护　　B. 重点看护　　C. 叠加看护　　D. 定点看护

69. 安保区域内的治安隐患会因为管控力度的加强而发生变化，在消除原有治安隐患的同时，新的治安隐患还会产生。因此，“视频巡逻”勤务方案（　　）。

A. 要进行相应的调整　　B. 不必要调整

C. 还按原方案执行　　D. 不需要具体方案

70. 安保区域内的治安隐患会因为管控力度的加强而发生变化，在消除原有治安隐患的同时，新的治安隐患还会产生。因此，“视频巡逻”（　　）也要随之进行相应的调整。

A. 作息时间　　B. 摄像机数量　　C. 勤务方案　　D. 值守人员

71. 根据安保目标、区域不同，可将视频安防监控摄像机分为“重点”“关注”和“（　　）”3 个等级。

A. 一般　　B. 严重关注　　C. 次重点　　D. 无须关注

72. 根据安保目标、区域不同，可将视频安防监控摄像机分为“重点”“（　　）”和“一般”3 个等级。

A. 无须关注　　B. 次重点　　C. 严重关注　　D. 关注

73. 办公楼内的电梯口在上下班时段人员集中，可能出现突发情况，此处的摄像机应该列为视频安防监控的“（　　）”监控摄像机。

A. 一般　　B. 关注　　C. 重点　　D. 重要

74. 视频安防监控摄像机的值守等级，应根据安保目标或安保区域在不同时间段的具体情况和要求，进行（　　）。

A. 时段调整　　B. 动态调整　　C. 静态调整　　D. 监控方向调整

75. 视频安防监控室安保当值人员在上岗前必须掌握的基础信息，不包括（　　）。

A. 监控摄像机的编号和分布　　B. 安保区域内的治安状况

C. 安保区域“实兵巡逻”的勤务布局　　D. 安保区域内正常出入人员的姓名

76. 视频安防监控室安保当值人员应在上岗前（　　）min 到达岗位，掌握基础信息后再开始工作。

A. 5　　B. 10　　C. 15　　D. 30

77. 视频安防监控室安保当值人员必须在《视频安防监控室当班日志》内记录该班内发生的具体情况，交班人员必须当面向接班人员进行视频安防监控工作任务的移交，并通报当班情况，需要说明解释的应详细讲解清楚，最后交接班双方均应在《视频安防监控室当班日志》上面签名确认交接。以上交接班制度（　　）。

A. 是对的　　B. 基本上是对的　　C. 是错误的　　D. 太烦琐

78. 视频安防监控室安保当值人员必须在（　　）内记录该班内发生的具体情况，交班人员必须当面向接班人员进行视频安防监控工作任务的移交，并通报当班情况，需要说明解释的应详细讲解清楚。

A.《视频安防监控室监控情况记录》　　B.《视频安防监控室当班工作记录》

C.《视频安防监控室当班记录》　　D.《视频安防监控室当班日志》

79. 交接班工作的内容不包括（　　）。

A. 安保区域“实兵巡逻”的勤务布局　　B. 视频安防监控设备运行状况

C. 当班主要工作情况　　D. 安保目标或区域内即时的治安状况

80. 交接班工作的内容不包括（　　）。

A. 当班主要工作情况　　B. 视频安防监控设备运行状况

C. 24 h 内监控记录　　D. 安保目标或区域内即时的治安状况

81. 视频安防监控室安保当值人员应按要求，采集在监控中发现的治安、刑事类情况信息，记录的内容包括：（1）安保区域内发生的违法犯罪活动；（2）安保区域内发生的治安案（事）件；（3）安保区域内存在的治安、刑事隐患；（4）安保区域内发生“110”警情的情况；（5）安保区域内存在的其他需要记录的治安、刑事类情况信息。以上有（　　）项是对的。

A. 2　　B. 3　　C. 4　　D. 5

82. 视频安防监控室安保当值人员应按要求，采集在监控中发现的治安、刑事类情况信息，记录的内容不包括（　　）。

A. 安保区域内发生的违法犯罪活动　　B. 安保区域内上下班人员情况

C. 安保区域内发生的治安案（事）件　　D. 安保区域内存在的治安、刑事隐患

83. 视频安防监控室安保当值人员应按要求，采集在监控中发现的安全类情况信息，记录的内容包括：（1）安保区域内的交通安全隐患；（2）安保区域内的塌方、倒塌安全隐患；（3）安保区域内的拥挤、踩踏安全隐患；（4）安保区域内的水、电、火

等安全隐患。以上有（　　）项是对的。

A. 4　　B. 3　　C. 2　　D. 1

84. 视频安防监控室安保当值人员应按要求，采集在监控中发现的安全类情况信息，记录的内容包括：（1）安保区域内的交通安全隐患；（2）安保区域内的塌方、倒塌安全隐患；（3）安保区域内的拥挤、踩踏安全隐患；（4）安保区域内的水、电、火等安全隐患；（5）安保区域内的其他安全隐患。以上有（　　）项是错的。

A. 3　　B. 2　　C. 1　　D. 0

85. 视频安防监控室安保当值人员应按要求，将当班过程中发现的视频安防监控设备运行故障情况进行记录。外端设备运行情况记录的内容不包括（　　）。

A. 各个监控摄像机运行是否正常

B. 各个监控摄像机外罩是否清洁

C. 视频安防监控键盘设备运行情况

D. 各个监控摄像机监控范围内有无视线遮挡情况

86. 视频安防监控室安保当值人员应按要求，将当班过程中发现的视频安防监控设备运行故障情况进行记录。外端设备运行情况记录的内容不包括（　　）。

A. 视频安防监控显示屏是否正常

B. 各个监控摄像机运行是否正常

C. 各个监控摄像机监控范围内有无视线遮挡情况

D. 各个监控摄像机外罩是否清洁

87. 视频安防监控室安保当值人员应按要求，将当班过程中发现的视频安防监控设备运行故障情况进行记录。内部设备运行情况记录的内容不包括（　　）。

A. 视频安防监控显示屏运行情况

B. 视频安防监控操作键盘运行情况

C. 视频安防监控存储设备运行情况

D. 视频安防监控摄像机运行情况

88. 视频安防监控室安保当值人员应按要求，将当班过程中发现的视频安防监控设备运行故障情况进行记录。内部设备运行情况记录的内容包括：（1）视频安防监控显示屏运行情况；（2）视频安防监控操作键盘运行情况；（3）视频安防监控摄像机运行情况；（4）用于视频安防监控信息采集存储的计算机的运行情况。上述内容正确的有（　　）项。

A. 4　　B. 3　　C. 2　　D. 1

89. 视频安防监控室安保人员当值时必须遵守的（　　）是：禁止与他人聊天、电话闲聊，禁止看书、报、杂志等，禁止擅自离岗，禁止睡觉等不履职情况。

A. 操作规定　　B. 内务条例　　C. 职业操守　　D. 勤务纪律

90. 视频安防监控室安保人员当值时必须遵守的勤务纪律不包括（　　）。

A. 禁止与他人电话闲聊　　B. 看报，关心时事

C. 禁止擅自离岗　　D. 禁止睡觉

91. 视频安防监控室安保人员当值时，必须遵守相关的（　　），禁止利用监控摄像机从事偷窥行为。

A. 勤务纪律　　B. 保密纪律　　C. 工作纪律　　D. 当值纪律

92. 视频安防监控室安保人员当值时，必须遵守相关的（　　），禁止擅自使用手机、相机、摄像机等摄录视频安防监控资料。

A. 勤务纪律　　B. 工作纪律　　C. 保密纪律　　D. 当值纪律

本章测试题答案

一、判断题

1. ×　2. √　3. ×　4. ×　5. √　6. ×　7. √　8. √　9. ×
10. √　11. √　12. ×　13. ×　14. √　15. √　16. ×　17. √　18. ×
19. ×　20. √　21. √　22. ×　23. ×　24. √　25. √　26. ×　27. ×
28. √　29. ×　30. √　31. ×　32. √　33. √　34. √　35. ×　36. √
37. ×　38. √　39. √　40. ×　41. √　42. ×　43. √　44. ×　45. ×
46. √　47. ×　48. √　49. √　50. √　51. ×　52. √　53. ×　54. √
55. ×　56. √　57. √　58. ×　59. ×　60. √　61. √　62. ×　63. √
64. √　65. ×　66. √　67. √　68. ×　69. ×　70. √　71. ×　72. √
73. √　74. ×　75. ×　76. ×　77. √　78. √　79. ×　80. √　81. ×
82. √　83. √　84. ×　85. √　86. √　87. √　88. ×　89. √　90. ×
91. √

二、单项选择题

1. B　2. A　3. C　4. B　5. D　6. A　7. C　8. B　9. A　10. D
11. C　12. D　13. B　14. A　15. D　16. C　17. B　18. D　19. A　20. B

21. C　22. D　23. D　24. C　25. D　26. B　27. C　28. A　29. B　30. A
31. D　32. A　33. B　34. D　35. C　36. A　37. D　38. B　39. C　40. D
41. C　42. B　43. D　44. A　45. B　46. B　47. D　48. C　49. C　50. B
51. C　52. B　53. D　54. A　55. C　56. B　57. D　58. C　59. A　60. C
61. D　62. B　63. C　64. D　65. B　66. A　67. D　68. B　69. A　70. C
71. A　72. D　73. C　74. B　75. D　76. C　77. A　78. D　79. A　80. C
81. D　82. B　83. A　84. D　85. C　86. A　87. D　88. B　89. D　90. B
91. B　92. C

第2章

视频安防监控发现、处置案（事）件信息专项技能

- ✔ 2.1 视频安防监控室安保当值人员的"视频巡逻"工作
- ✔ 2.2 视频安防监控在治安、刑事类案（事）件处置中的实战应用

2.1 视频安防监控室安保当值人员的“视频巡逻”工作

随着视频安防监控设施的逐步完善，通过“视频巡逻”方式来保卫安保目标与安保区域已经成为安保业发展的趋势。视频安防监控室安保当值人员的实战能力作为“视频巡逻”的关键因素，直接影响到视频安防监控效能的发挥。提高视频安防监控室安保当值人员的“视频巡逻”能力、疑点发现能力、情况处置能力和信息管理能力，是加强安保效能，实现“视频巡逻”与“实兵巡逻”相互结合、取长补短的必要条件。

2.1.1 视频安防监控室安保当值人员“视频巡逻”的总体要求

目前，安装和使用较普遍的视频安防监控前端设备是固定式枪式摄像机、云台式枪式摄像机和球形摄像机。无论何种前端设备，其安装位置的选择都具有较强的目的性。如在中小学校门口安装监控摄像机，是为了实施远程守护，落实公安部校园周边安保工作要求。在治安状况复杂区域内安装监控摄像机则是为了及时发现、制止各类违法犯罪行为。

随着视频安防监控技术在安保工作中的广泛应用，各个单位的视频安防监控摄像机数量不断增加。为了能更好地发挥视频安防监控在安保工作中的作用，应结合安保区域的安保实际需求，将视频安防监控的摄像机划分为“重点”“关注”和“一般”三个等级。

因为无论哪个等级的监控摄像机都只能监控覆盖部分区域，不可能将整个监控区域完全覆盖，所以视频安防监控室安保当值人员上岗开展工作时必须熟悉安保区域的基本情况、视频安防监控摄像机的分布和具体编号等基本信息。安保当值人员上岗开展工作时，应当将视频安防监控目标的初始影像调整到最佳角度，要做到这一点，就必须对视频安防监控摄像机进行逐个调整设置。

1. 视频安防监控室安保当值人员进行“视频巡逻”的基本要求

（1）视频安防监控室安保当值人员进行“视频巡逻”时应突出监控主体。一般情况下，视频图像中视频安防监控的主体目标应一目了然，占据整个视频图像的大部分面积。安保当值人员应确保视频图像对视频安防监控主体关键部位的全覆盖。如某视频安防监控摄像机的监控目标是商场内的一个货架，那么安保当值人员在设置该视频安防监控摄像机的画面时，要将该货架设置在画面正中位置。

（2）视频安防监控室安保当值人员进行“视频巡逻”时应兼顾监控主体周边。安保当值人员在调整焦距设置监控图像画面的过程中不能一味地改变焦距使整个监控画面都被监控主体所占据，还需兼顾视频安防监控主体周边的情况。同样以视频安防监控摄像机的监控目标是商场内的一个货架为例，安保当值人员在设置该视频安防监控摄像机的画面时，首先要将该货架设置在画面正中位置，其次应考虑尽量将该货架边上的通道包含在画面中，这样通过视频安防监控就可以观察到接近该货架人员的基本特征、行为动作和来去的方向。

（3）视频安防监控室安保当值人员进行“视频巡逻”时应确保视频安防监控图像的质量。常用的视频安防监控摄像机都具有自动对焦和可变光圈功能，即可根据所处环境、光线强弱对监控画面清晰度和明暗进行自动调整。但在覆盖面积较大、逆光或者光线较差的情况下，安保当值人员仍需通过手动对焦、调整光圈大小或调整视频安防监控摄像机朝向来确保成像质量。如果未对好焦、未调整好光圈大小或监控摄像机照射方向就可能出现成像质量不佳的状况，如图 2—1 所示。

图 2—1　监控摄像机成像质量不佳

2. 视频安防监控室安保当值人员进行“视频巡逻”时的工作重要环节

（1）“视频巡逻”时要确定监控摄像机的朝向。部分视频安防监控摄像机的朝向会在监控画面中自动显示，但在实际使用过程中，监控画面显示的方向有时会与摄像机实际照射方向存在一定误差。因此，视频安防监控室安保当值人员在设置视频安防监控图像画面时要尽量以特定的建筑物、标志物作为参照，以便操作时可以快速辨析监控摄像机朝向的准确方位，如图 2—2 所示。

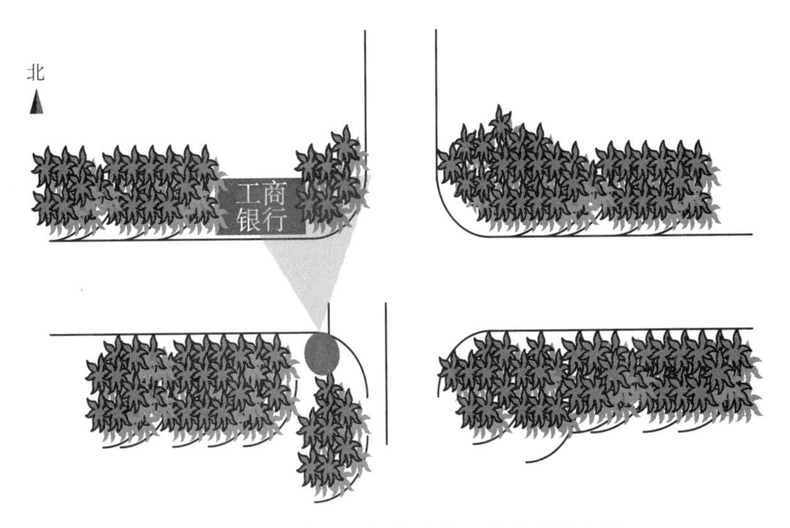

图 2—2　以特定标志物为参照快速辨析方位

（2）“视频巡逻”时要合理调整监控摄像机的焦距。监控摄像机大多为可变焦镜头。安保当值人员使用时设置远景焦距可覆盖安保区域的大部分范围，但无法准确捕捉细节特征，行人情况和一些细节特点比较模糊，如图 2—3 所示；设置近景焦距可清晰显示细节特征，如机动车车牌号码、人面部细节特征，但监控覆盖的范围过小，也不利于前端监控摄像机对安保对象或安保区域的整体监控，如图 2—4 所示。若设置远景焦距时，画面内绿化树过多，则该视频安防监控的画面利用率不高。因此，视频安

图 2—3　使用远景焦距的监控画面

图 2—4　使用近景焦距的监控画面

防监控室安保当值人员要根据监控目标的实际情况合理设置焦距。一般情况下，“重点”“关注”等级的监控摄像机应以近景焦距为主、远景焦距为辅；“一般”等级的监控摄像机则应以远景焦距为主、近景焦距为辅。但焦距设置不是一成不变的，而是要根据安保目标或区域的实际情况定时轮换，这样也可以缓解视频安防监控室安保当值人员的视觉疲劳。

（3）“视频巡逻”时要正确设置视频安防监控画面地平线的位置。在日常的摄影中，人们总是习惯将地平线放在画面下方 1/3 位置，这符合一般的审美标准。但在监控道路的视频画面中，地平线应处于画面上方 1/3 位置，甚至更上方，如图 2—5、图 2—6 所示。一般监控路面的视频安防监控摄像机都设置在较高的位置，如果视频画面中地平线位置偏下，就意味着监控摄像机过多地拍摄建筑物上半部分和天空，造成监控图像使用率降低，如图 2—7 所示。设置视频画面地平线位置时，要尽量保持水平方位，以便于日常的观察巡视。

3. 视频安防监控室安保当值人员设置视频画面时应当避免的情况

（1）视频安防监控摄像机被树叶、广告牌等遮挡，减少了有效覆盖范围，如图 2—8 所示。视频安防监控室安保当值人员在进行视频安防监控摄像机定位时应尽量避免摄像机被树叶、广告牌等遮挡，如必须要将视频安防监控摄像机朝向树叶、广告牌等遮挡物，就要想办法除去遮挡物，使视频安防监控的作用发挥到最大。

（2）监控摄像机朝向较强光源造成逆光，影响图像质量，如图 2—9 所示。白天在室外的视频安防前端监控摄像机有可能被太阳光直射形成逆光，因此视频安防监控室安保当值人员要根据日照的方向及时调整受影响的监控摄像机的朝向，避免太阳光直

图 2—5　道路监控画面中地平线位置示意 1

图 2—6　道路监控画面中地平线位置示意 2

射造成的逆光。夜间视频安防监控摄像机有可能被灯光照射形成逆光，因此视频安防监控室安保当值人员也要根据灯光照射情况合理调整监控摄像机的朝向，避免较强灯光直射造成的逆光。

（3）夜间监控摄像机朝向固定光源，影响自动调整光圈，导致画面其他部位亮度不够，如图 2—10 所示。视频安防监控室安保当值人员必须掌握安保区域内夜间固定

图 2—7　道路监控画面中地平线位置偏下

图 2—8　视频安防监控摄像机被遮挡

光源的位置，固定式监控摄像机在安装调整时就应避开直射的固定光源。

（4）夜间监控摄像机直接朝向机动车道来车方向，被车辆远光灯照射形成逆光，如图 2—11 所示。除由于安保区域的条件限制或安保的要求，监控摄像机无法避开机动车来车方向的情况外，视频安防监控室安保当值人员均应将前端监控摄像机朝向机动车去车方向，避免因车辆远光灯照射形成的逆光。

图 2—9　监控摄像机朝向较强光源造成逆光

图 2—10　夜间监控画面亮度不够

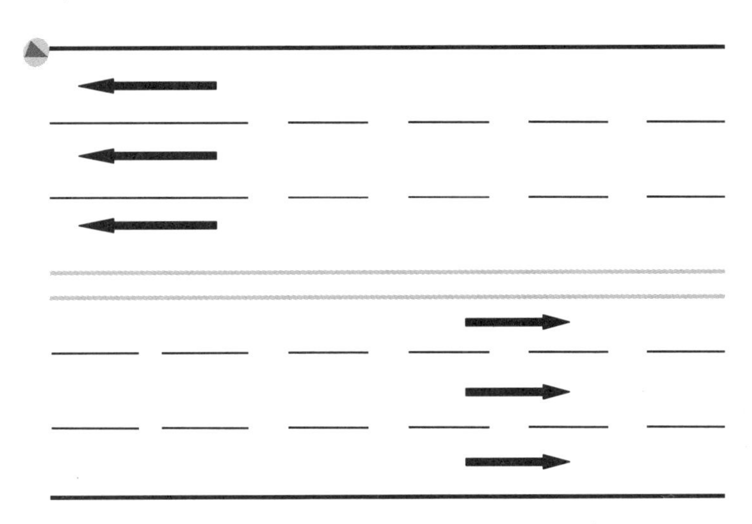

图 2—11　夜间监控摄像机被车辆远光灯照射形成逆光

4. 视频安防监控室安保当值人员进行视频安防监控操作后应及时将监控摄像机复位

视频安防监控室安保当值人员进行视频安防监控操作，实施“视频巡逻”、跟踪、观察完毕，应当及时将视频安防监控摄像机朝向回复到初始状态。视频安防监控摄像机回复到初始状态可以确保安保目标或区域的重点部位时刻处于视频安防监控保卫之中，同时有利于视频安防监控室安保当值人员在下一次操作时快速准确地判断视频安防监控摄像机的朝向，提高视频安防监控的效率。

2.1.2　视频安防监控室安保当值人员应掌握疑点识别

疑点识别是视频安防监控室安保当值人员开展安保工作的核心任务之一。视频安防监控室安保当值人员疑点识别能力的强弱直接影响到视频安防监控在安保工作中的效能发挥。视频安防监控室安保当值人员与“实兵巡逻”的安保人员在疑点识别时，其发现方式、甄别条件、方法、手段等方面存在着较大差异。视频安防监控摄像机存在隐蔽性好、视野开阔、焦距可调、动作可回放、能跟踪甄别、可以长时间观察等优点，但视频安防监控设备本身的性能限制，或有的视频成像质量不佳等，也会影响视频安防监控室安保当值人员的疑点识别成效，例如：固定式视频安防监控摄像机发现有可疑情况后无法进行监控跟进；视频安防监控设备像素低、图像画面质量差，影响视频观察效果；视频安防监控摄像机的画面受光线的影响较大等。另外，由于安保当值人员在运用视频安防监控进行“视频巡逻”时往往为了能较为全面地掌控巡查范围内的情况而选择远景焦距进行画面观察，远景画面反映的情况多但画面中的人物占比较小，无法看清人物的表情，对可疑人物的定性判断速度就慢于“实兵巡逻”的安保人员。

1. 视频安防监控室安保当值人员应掌握的可疑人员的识别

（1）穿着可疑的人员

1）衣着与环境、时节、身材不合。安保当值人员应留意：衣着与所处环境不匹配的可疑人员，例如衣着不得体在甲级写字楼内游走、张望的人员；衣着与当时季节不符的可疑人员，例如大热天戴着帽子、口罩在楼内游走、张望的人员，夏天骑摩托车仍戴全封闭冬盔的人员（见图2—12）；衣着明显不合身材的可疑人员，例如原本身材瘦小却穿着较为宽大的衣衫在楼宇内游走、张望的人员。

图2—12　衣着与季节不符的可疑人员

2）穿着运动衣裤、运动鞋进入安保区域的人员。公安部门在对抓获的盗窃、抢夺、抢劫、寻衅滋事等犯罪嫌疑人的着装进行分析后发现，有很多嫌疑人有为便于迅速逃离现场而穿着运动装（运动鞋）的习惯。因此，视频安防监控室安保当值人员在进行“视频巡逻”时要结合安保目标或安保区域的具体情况着重观察穿着运动装（运动鞋）的可疑人员。

3）携带空大包的人员。公安部门在分析破获的盗窃案件后发现，有较大一部分盗窃嫌疑人将盗窃所得物品装入携带的大包内后离开案发现场，该类作案手法俗称“大包套小包”。因此，视频安防监控室安保当值人员在进行“视频巡逻”时要结合具体情况对进入安保区域携带空大包的人员着重观察。

4）穿着暴露的女性人员。安保当值人员应着重观察在安保区域内出现的穿着暴露、长时间逗留，并主动与多名经过男性搭话的女性人员，例如经常出现在宾馆门口、穿着暴露的女性人员很可能是从事不良职业人员。

5）安保区域附近经常长时间逗留的人员。安保当值人员应着重观察在安保区域附近经常出现，每次出现时都长时间逗留，并主动与经过人员搭话的人员，例如：名医院挂号处、会展期间场馆附近经常能见到的“黄牛”人员；中秋期间上海福州路杏花楼总店附近逗留的“黄牛”人员；上海南京路、淮海路沿线的非法拉客人员等。

（2）行为可疑人员。行为可疑人员是指举止有违正常的行为方式的行为人。安保当值人员主要通过分析行为人举止出现在所处时间、空间是否违反情理、违反常规来识别判断。

1）躲开视频安防监控摄像机的人员。视频安防监控室安保当值人员进行“视频巡逻”时，发现见到前端监控摄像机朝向他时突然改变原先行走路线、有意躲开视频安防监控的人员，必须重点观察。

2）刻意避开安保巡逻线路的人员。视频安防监控室安保当值人员在进行“视频巡逻”时要注意“实兵巡逻”安保人员周边的人员，重点观察刻意回避“实兵巡逻”安保人员行走路线、观察视线的人员。

3）在重点安保区域附近长时间停留的人员。视频安防监控室安保当值人员在进行“视频巡逻”时要重点注意在重点安保区域附近长时间停留的人员。例如：在银行门口、ATM 机（自动取款机）等银行安保重点区域发现有长时间停留的人员时，视频安防监控室安保当值人员要重点观察其是否时常向银行内张望，是否关注 ATM 机前的提款人，并搜索周边可能存在的嫌疑人的同伙，必要时通知“实兵巡逻”的安保人员上前询问。

4）在安保区域内避开他人游走的人员。视频安防监控室安保当值人员在进行“视频巡逻”时要注意观察那些避开其他人员，专门在没有人的区域或少有人经过的通道处张望、窥探的人员。例如：开架式商城内偷窃商品的盗窃嫌疑人就往往采用该方法避开工作人员或其他人员进行偷窃。

5）在宾馆、居民楼内逐层、逐间进行探视的人员。视频安防监控室安保当值人员在宾馆、居民小区进行“视频巡逻”时要注意观察那些逐层、逐间推门、敲门的人员。公安机关在破获的入室盗窃案件中发现有大量的犯罪嫌疑人是通过逐层、逐间推门、敲门进入被盗居室内的。这些被盗的居室有的是门忘记关上，犯罪嫌疑人推门进入实施盗窃；有的是被害人开门后犯罪嫌疑人谎称是推销商品，趁被害人不备实施盗窃。

6）在安保区域内停车点贴靠汽车来回走动的人员。视频安防监控室安保当值人员在进行“视频巡逻”时要注意在安保区域内停车点贴靠他人停放汽车来回走动的人员。公安机关在侦办盗窃车内物的案件时了解到很多车主有将包或其他物品留置在车内的不良习惯，这给盗窃车内物的犯罪嫌疑人留下了可乘之机。盗窃车内物的犯罪嫌疑人走过安保区域车辆停车点时，为了能看清车内是否有值得其实施盗窃的物品会贴靠着车辆行走，当发现车内有包或其他值得盗窃的物品时，会先在该车前后来回走动寻找作案时机（见图2—13）。

图2—13　可疑人员在车辆前后来回走动

7）在安保区域内的自助非机动车停放点徘徊的人员。视频安防监控室安保当值人员在进行“视频巡逻”时要注意在安保区域内的非机动车停放点徘徊的人员，包括将非机动车停在停放点后仍在该停放点徘徊的人员。公安机关在已侦破的盗窃非机动车案件中发现有较多的盗窃嫌疑人将非机动车停在停放点后，仍在该停放点徘徊等待，等到时机成熟时盗窃他人非机动车并骑车离开，事后再返回该停放点取回自己的非机动车。

8）在夜间进入安保区域的其他人员。视频安防监控室安保当值人员在进行“视频巡逻”时要注意夜间进入安保区域的非安保单位的人员，例如：写字楼内夜间进入的陌生人、居民小区内夜间进入的非本小区居民等。

（3）同行的关系可疑人员

1）尾随他人进入安保区域的人员。视频安防监控室安保当值人员在进行“视频巡逻”时若发现有尾随他人进入安保区域的人员需要重点观察，必要时应与“实兵巡逻”的安保人员联动对其进行询问。例如：安保当值人员一旦发现进入银行办理现金业务的顾客被人尾随，就应及时采取必要的措施，预防相关案（事）件发生。

2）同行但间距忽远忽近的人员。视频安防监控室安保当值人员若在进行“视频巡逻”时发现在安保区域内有多名同行人员相互交谈，忽然拉开相互距离假装不认识的情况需要重点观察。例如：大型会展期间如果有多名同行人员相互交谈进入展馆，忽然拉开相互距离假装不认识的情况，可能是诈骗团伙或盗窃团伙混入展馆之中。

3）在安保区域内簇拥行走的人员。视频安防监控室安保当值人员在进行“视频巡逻”时发现在安保区域内有簇拥行走的人员时需要重点观察。例如：安保当值人员如发现展览会馆、博览中心进入一群簇拥行走的人员，就必须重点观察，确认他们是参观人员还是有其他图谋的人员。

2. 视频安防监控室安保当值人员应掌握的可疑车辆的识别

（1）车辆外观识别。视频安防监控室安保当值人员在进行“视频巡逻”时对进入安保区域内的或出现在安保区域周边的车辆应先从外观上进行识别，无牌照、牌照模糊、牌照倒装的四轮机动车和摩托车均为可疑车辆，应重点予以观察，必要时应通知“实兵巡逻”的安保人员上前询问。

（2）车辆行驶方式识别

1）呈“S”形等不正常路线行驶的车辆。视频安防监控室安保当值人员在进行“视频巡逻”时对安保区域内的道路上呈“S”形等不正常线路行驶的“两轮车”要重点观察。例如：发现一人驾驶摩托车沿“S”形等不正常路线行驶时，安保当值人员要注意观察其附近有无步行的同伙；发现两人合骑摩托车沿“S”形等不正常路线行驶时，要注意观察他们共同注视的方向。

2）在步行者后跟随的“两轮车”。视频安防监控室安保当值人员在进行“视频巡逻”时发现安保区域内的道路上有在步行者后跟随的“两轮车”要重点观察。

3）两人合骑、慢速行驶的“两轮车”。视频安防监控室安保当值人员在进行“视频巡逻”时在安保区域内的道路上发现两人合骑、慢速行驶的“两轮车”要重点观察。

4）两人合骑，一人骑在车上，一人进入安保区域的“两轮车”。视频安防监控室安保当值人员在进行“视频巡逻”时若在安保区域周边的道路上发现两人合骑，一人骑在车上，一人进入安保区域的“两轮车”要重点观察。

5）推行的“两轮车”。视频安防监控室安保当值人员在进行“视频巡逻”时对安保区域内可骑行路段上推行的“两轮车”要重点观察，必要时应通知“实兵巡逻”的安保人员上前询问。公安部门在侦破盗窃“两轮车”的案件时发现，有较多的盗窃嫌疑人由于无法启动被盗“两轮车”而推行离开。

6）长时间停留的车辆。视频安防监控室安保当值人员在进行“视频巡逻”时要重点注意在安保目标或区域附近长时间停留的车辆。以银行为例：如在银行门口、ATM机等银行安保重点区域发现长时间停留的车辆，视频安防监控室安保当值人员就要重点观察该车上的人员是否时常向银行内张望，是否关注ATM机前的提款人，并搜索周边可能存在的嫌疑人的同伙。近年来，公安机关分析部分破获的尾随银行取款人抢夺案件得知，此类案件以两人或多人结伙作案居多，一人负责观察寻找目标并实施抢夺，其余人员利用车辆进行接应。

2.1.3 视频安防监控室安保当值人员的“辅助管理”职责

视频安防监控室安保当值人员可以通过视频安防监控系统全面系统地了解安保区域内的实际情况，因而在整个安保区域的安保管理中有“辅助管理”的职责。

1. 视频安防监控室安保人员应为安保区域的安保方案制定提供参考意见

（1）视频安防监控室安保人员为安保人员“视频巡逻”的监控摄像机等级勤务方案的制定提供参考意见。

（2）视频安防监控室安保人员为安保人员“实兵巡逻”勤务方案的制定提供参考意见。

2. 视频安防监控室安保当值人员应对安保区域内人员的工作纪律进行监督

视频安防监控室安保当值人员在通过视频安防监控对安保区域进行“视频巡逻”的同时可以实时观察区域内其他员工的情况，当发现有员工违反工作纪律时应及时反馈给相关领导，并对该员工的部门、工号、姓名进行书面记录，采集该录像资料以备查阅。

3. 视频安防监控室安保当值人员应检查安保区域通信情况

视频安防监控室安保当值人员在工作时应实时留意各类通信设施是否完好，要经常与“实兵巡逻”的安保人员进行电台联络，始终保持内外联动状态，如发现电台、电话有故障应及时通知相关部门进行维修。

2.2 视频安防监控在治安、刑事类案（事）件处置中的实战应用

治安类案件是指违反治安管理法律、法规，依法应当受到治安行政处罚，由公安机关依法立案查处的违反治安管理行为。治安类案件是社会上常见案件的一种，与刑事类案件相对应，二者不能混为一体。

刑事类案件是指犯罪嫌疑人或者被告人被控涉嫌侵犯了刑法所保护的社会关系，国家为了追究犯罪嫌疑人或者被告人的刑事责任而进行立案侦查、审判并给予刑事制裁（主刑包括管制、拘役、有期徒刑、无期徒刑、死刑，附加刑包括罚金、剥夺政治权利、没收财产）的案件。刑事类案件与民事类案件在处理上有所不同。民事类案件一般遵循不告不理的原则，即当事人不主动向国家司法机关请求，国家司法机关一般不介入干预当事人之间的纠纷。而刑事类案件一般都有国家刑事司法机关主动介入，受害人或者群众报案、举报后，公安、检察机关随即介入侦查，然后由检察院代表国家对被告人提起公诉，由法院作为法律的裁判者进行公正的审判，从而达到制裁犯罪人和保护人民的刑法目的。

2.2.1 安保人员在治安、刑事类案（事）件处置中应遵循的原则

治安、刑事类案（事）件处置工作的目的是提高突发治安、刑事类案（事）件处置的效率效益。因此安保人员在处置工作中应遵循的基本原则是：及时性、依法性、安全性、保全性。

1. 及时性

现场处置贵在及时。例如现场急救，若速度缓慢可能贻误抢救最佳时机，发生人员伤亡。又如现场保护，若不及时采取保护措施，有关案（事）件的痕迹物证就会因各种自然或人为的因素而消失，从而影响后期的调查取证工作。

2. 依法性

安保人员在紧急处置中也要强调依法办事，即尊重他人权利，严格依据法律规定

程序进行处置，不能因为处置目的的正当性而忽视处置过程的合法性，例如不得超越职权扣押公民财物、不得违法搜身、不得私自审讯等。

3. 安全性

消除危险、恢复安全是处置的终极目的，所以安保人员在处理险情时务必以安全至上，尽最大可能保证在场所有人、物的安全，力求把损失减到最小，同时安保人员在处置时也要确保自身的安全。

4. 保全性

在先期处置时，安保人员要注意为后期查明真相、理清责任提供证据保障。这就要求在实施先期处置措施时，务必要有保全相关证据的意识，尽量减少对痕迹、物证的破坏，使现场保持事发时的原貌。视频安防监控室安保当值人员必须对案发现场处置情况进行全程监控，并将与该案（事）件有关的视频片段下载保存，为下阶段的侦查工作保留必要的影像证据。

2.2.2 安保人员在治安、刑事类案（事）件处置各阶段的要求

1. 初期阶段处置的要求

初期阶段处置是指从安保人员发现突发治安、刑事类案（事）件到有关职能部门到现场处置期间的时间阶段。初期阶段处置主体是安保人员或者安保部门领导，进行治安、刑事类案（事）件初期处置是安保工作人员的法定职责。《企业事业单位内部治安保卫条例》（以下简称“条例”）规定，保障安全是单位内部治安保卫工作的职责。条例包含了对各类突发事件处置的要求，即安保单位范围内发生治安案件、涉嫌刑事犯罪的案件应当及时处置。条例提出了初期处置的具体内容，包括安保人员应当“制止发生在本单位的违法行为，对难以制止的违法行为以及发生的治安案件、涉嫌刑事犯罪案件应当立即报警，并采取措施保护现场”。

安保工作人员对治安、刑事类案（事）件进行初期处置有着十分重要的意义。首先有利于有效地控制局面，预防事故发生和防止事态扩大；其次为抢救生命、减少损失赢得时间和提供人力保障；最后为事后调查、了解真相提供证据保障和创造其他有利条件。

2. 中、后期阶段处置的要求

安保工作人员在中、后期阶段处置中以协助、配合有关部门进行处置为主。在处置中，组织参与处置的安保人员人数的多少和组织队伍所用时间的长短，都将影响处置治安突发事件的效果，有时候也决定了处置结果的成败。因此，在中、后期阶段处

置中，必须确保参与协助、配合处置的安保人员人数符合处置需求。

为确保安保人员能以最快的速度投入现场处置，必要时应采用“紧急集合”或“紧急参与”方式进行队伍的迅速集结，快速投入处置。两种集结的方法虽形式不同，但是任务、目的相同。

紧急集合方式是指视频安防监控室安保人员或者部门领导直接发出信号，安保人员按照规定迅速到指定的地点进行集结、接受任务前往事发地点参与处置工作。紧急集合有发布集结指令、队伍集结、接受任务、投入处置4个环节。

紧急集合要求安保人员听到信号，按照有关规定快速出击、立刻到位，将准备工作就绪。紧急集合是一项组织队伍的措施，也是训练安保人员面对突发事件时快速反应能力的一种有效方法。

紧急参与方式是指视频安防监控室安保人员或者部门领导直接发出信号，召集安保人员立即前往案发现场直接参与处置工作。紧急参与要求安保人员接到信号，快速赶赴现场，直接投入处置工作。紧急参与只有发布任务指令、投入处置2个环节，它以紧急集合的能力素质为基础，又适应处置需要，省略了中间环节，因此在实际处置工作中运用更广泛，使用频率更高。

2.2.3 视频安防监控室安保当值人员治安、刑事类案（事）件处置流程

治安、刑事类案（事）件处置流程是由处置治安、刑事类案（事）件的步骤、方式和顺序构成的处置过程。本流程是以安保部门的安保人员为处置主体的操作流程。

1. 发现警情

安保单位或区域内的治安、刑事类案（事）件的警情发现途径有视频安防监控室安保人员通过监控主动发现、“实兵巡逻”的安保人员发现和当事人、被害人、知情人向安保人员报告。

2. 向上级报告并发布警情

（1）视频安防监控室安保当值人员通过监控主动发现治安、刑事类案（事）件警情时，应对警情的性质做出初步的判断，不能做出判断的要通过电台或其他通信工具通知“实兵巡逻”的安保人员到场进行现场核实。视频安防监控室安保当值人员应将安保区域内发生的警情及时向部门领导汇报，同时根据警情性质与具体情况决定是否调集其他安保人员参与现场处置工作。

（2）视频安防监控室安保当值人员通过监控主动发现正在实施的违法犯罪活动时，应立即通过电台或其他通信工具通知“实兵巡逻”的安保人员到场进行制止或现场抓

捕，并运用视频安防监控进行全程监控（必须留下能辨别嫌疑人的特写影像）。视频安防监控室安保当值人员如发现对象逃跑应立即通知其他岗位的安保人员进行围捕。

（3）视频安防监控室安保当值人员接到“实兵巡逻”的安保人员报告的治安、刑事类案（事）件的警情时，要问清警情的具体情况、发生的大概时间、是否能够进行现场控制等情况。安保当值人员应将安保区域内发生的警情情况及时地向部门领导汇报，同时根据警情性质与具体情况决定是否调集其他安保人员参与现场处置工作。

（4）视频安防监控室安保当值人员接到“实兵巡逻”安保人员报告的刚发生的治安、刑事类案（事）件的警情时，应立即对朝向该区域的视频安防监控进行回放，确认案（事）件发生的时间与嫌疑人的特征，及时将嫌疑人的相关体貌特征通报给其他岗位上的安保人员以便他们发现及抓捕。

3. 向警方或有关部门报警

视频安防监控室安保当值人员在向本部门领导汇报治安、刑事类案（事）件的情况后，还应根据警情的具体情况决定是否报警。如确认需要警方或者有关部门到场处理的，应当立即拨打“110”报警电话向警方报警，或者立即与有关部门联络，通知其到场进行处置。

（1）若现场抓获治安、刑事类案（事）件嫌疑人，安保当值人员必须将嫌疑人连同赃物、证人等一并移交给公安民警处理。

（2）若刚发生的治安、刑事类案（事）件作案人已经逃离，安保当值人员应将案（事）件发生的时间、涉案的物品特征、嫌疑人的体貌特征、逃跑的方向、使用的交通工具及时通报给公安民警，以便于警方开展进一步的围捕工作。

（3）对于正在发生的案（事）件，安保当值人员必须将当事人双方一并移交给公安民警，并详细汇报已经掌握的相关情况。

4. 调集安保人员参与处置

视频安防监控室安保当值人员在治安、刑事类案（事）件的处置过程中，不仅要灵活运用事发区域的前端监控摄像机对案（事）件的处置过程进行全程监控，还应熟悉该时段安保区域内安保人员的人数及其所在岗位，配合安保部门领导对其他安保人员的调动与集结。

5. 辅助指挥现场处置

单位领导或安保部门的领导到治安、刑事类案（事）件现场进行处置时，视频安防监控室的安保当值人员必须担负起辅助指挥的职责，充分利用视频安防监控系统实时、多角度、全方位的视频观察和定点回放功能，为领导们的决策做好参谋。

6. 协助公安民警进行现场处置

当公安民警到达安保区域进行治安、刑事类案（事）件警情处置时，视频安防监控室安保当值人员必须协助公安民警进行相关处置工作，详细汇报现阶段已经掌握的具体情况，为公安民警进行现场处置提供帮助。

7. 现场处置后的相关工作

在安保区域内的治安、刑事类案（事）件现场处置工作结束后，视频安防监控室的安保当值人员必须安排好相关安保人员对该现场进行善后。现场善后工作的内容比较广泛，应根据具体情况采取具体的善后方法。视频安防监控室的安保当值人员还必须将与该案（事）件有关的监控视频下载保存，以备在下阶段处理该案（事）件时调阅。

8. 处置工作小结

视频安防监控室安保当值人员在治安、刑事类案（事）件现场处置完毕后应对处置工作进行小结，并配合安保部门领导撰写处置工作部门小结。

9. 书面材料归档入库

视频安防监控室安保当值人员应配合有关人员将处置情况和工作小结归档入库。

2.2.4 视频安防监控室安保当值人员在治安、刑事类案（事）件处置中的证据保护

视频安防监控室安保当值人员在发现或接报治安、刑事类案（事）件警情后，应立即通知“实兵巡逻”的安保人员进行现场处置，同时要提醒前往处置的安保人员为了保全案（事）件证据要注意对案（事）件现场的保护。

1. 治安、刑事类案（事）件现场的特点

案（事）件现场是指违法犯罪人员实施违法犯罪行为的地点和遗留有与违法犯罪有关的痕迹、物证的案（事）件相关场所。因为违法犯罪行为发生的时间和空间有一定的延续性，违法犯罪人员实施违法犯罪行为前后在案（事）件发生地点附近活动的地点，也属于案（事）件现场的范围。案（事）件现场是识别违法犯罪、获取罪证和研究违法犯罪活动过程最直接最实际的场所。案（事）件现场有以下特点。

（1）暴露性。违法犯罪人员一旦实施某种违法犯罪行为，必然引起侵害对象及其周围物质环境的变化，还可能在相关人员头脑中留下印象。违法犯罪行为引起的各种变化可以被勘查人员直接感知。

（2）反映性。违法犯罪现场的各种痕迹、物证、现场现象与违法犯罪主体和违法

犯罪行为之间存在内在必然联系，反映了违法犯罪行为和违法犯罪人员情况。

（3）复杂性。由于各种人为因素和自然因素的影响，或者违法犯罪人员为逃避打击对现场进行破坏和伪装，违法犯罪多个现象之间、违法犯罪行为和现场之间的联系存在复杂性。

（4）易变性。违法犯罪现场的自然状态极易受外界因素的影响而发生变化，有关人员的感知也会随时间的推移而变得模糊。

2. 治安、刑事类案（事）件现场保护的意义

现场保护是指在从案发到现场勘查开始前这一阶段对违法犯罪现场的保护，是为保持发现的违法犯罪现场的原始状态，防止其遭受变动而采取的措施。现场保护的好坏直接影响现场勘查质量，现场勘查质量直接影响案件的侦破。与现场保护相对的是现场破坏。现场破坏包括人为破坏和自然破坏。遭受破坏的现场给勘查造成困难，使现场信息真假相混。如果没有现场保护的意识，很可能无意中对现场造成破坏。

违法犯罪现场是获取证据的重要来源，是追溯判断违法犯罪嫌疑人及其违法犯罪活动的物质基础，现场保护的好坏直接决定和影响着案件的侦破工作，因此违法犯罪现场的保护具有极其重要的意义。

（1）现场保护有利于保全证据和侦查线索。现场保护规范便于公安机关掌握线索、查明犯罪活动情况，同时掌握收集犯罪痕迹、物证。

（2）现场保护有利于提高违法犯罪现场勘查效率。

（3）现场保护有利于保守侦查秘密。

鉴于此，《中华人民共和国刑事诉讼法》第一百二十七条规定：“任何单位和个人，都有义务保护犯罪现场，并且立即通知公安机关派员勘验。”

2.2.5 视频安防监控室安保当值人员在治安、刑事类案（事）件处置中应具备的能力

治安、刑事类案（事）件处置的过程往往是一个多部门、多人员、多环节的综合工作过程，每个参与部门、人员可能只从事其中的某一个环节，因此部门与部门之间、人员与人员之间、环节与环节之间的协调配合在整个案（事）件处理中就显得至关重要。因为视频安防监控室安保当值人员在治安、刑事类案（事）件处置过程中担负着重要职责，所以要求其必须具备以下几个能力。

1. 全面工作能力

视频安防监控室安保当值人员应根据案（事）件现场情况，结合安保区域的全面

工作，合理调集相应的安保处置人员，确保能对案（事）件现场进行有效控制；同时能积极主动地为安保单位领导提供案（事）件现场处置的合理建议。

2. 协调联络能力

在案（事）件处置过程中可能有多个部门共同参与，这就要求视频安防监控室安保当值人员在安排好本部门处置人员的同时还要做好其他参加该案（事）件处置人员的协调联络工作。

3. 辅助决策能力

视频安防监控室安保当值人员应具备根据案（事）件的具体情况，及时向单位领导提出现场处置的合理建议的能力。

4. 证据保全能力

视频安防监控室安保当值人员在发布警情通知“实兵巡逻”的安保人员前往现场处置时就应及时提醒其注意现场保护，在处理完毕后必须将与该案（事）件有关的监控视频下载保存，以备公安机关调阅。

2.2.6 视频安防监控室安保当值人员应把握保护公民隐私权方面的尺度

视频安防监控系统在管理社会、预防和打击违法犯罪的同时也影响着人们的行为自由。在监控摄像机的监视之下，人们的行为或多或少地会受到限制。即使在公共场所，即使没有违法犯罪行为，但是有“一只眼睛”时刻监视你的一举一动，任何人的心里都不会舒服。近年来，由于安装监控摄像机而引发的纷争不绝于耳。例如：2004年，一名学生因为学校公布其与女友搂抱亲吻的镜头，以侵犯隐私权将学校告上法庭；2006年，北京因在公共场所安装前端监控摄像机，引发市民的争议；广州公交车上安装前端监控摄像机，导致女乘客们不满；中国人民大学在女生公寓楼道内安装前端监控摄像机，导致女生们认为她们的隐私权被侵犯，求助于媒体协助解决。

因此，视频安防监控室安保当值人员在工作时，必须处理好以下几个关系以维护他人的隐私权。

第一，视频安防监控室安保当值人员在工作时，要处理好监控摄像机向哪里看和看什么的关系。

第二，视频安防监控室安保当值人员在视频留存时，要处理好视频下载保存和视频保管的关系。

第三，视频安防监控室安保当值人员在向他人提供视频内容时，要处理好视频怎么给和给什么的关系。

2.2.7 视频安防监控在案（事）件处置中的应用实例

1. 医院视频安防监控应用案例

【案例回顾】

某日上午9时许，保卫科监控室发现一张姓女子（40岁左右，因多次在医院门诊大楼一号楼各楼层向病人贩号而被记录在册）身穿红色短袖上衣黑色长裤出现在门诊一号楼一楼大厅，监控室发现该情况后初步判定该女子为“黄牛”，通过对讲机通报各楼层后在监控室密切关注其一举一动。

当日上午10时许，该女子再次出现在一号楼三楼的预检中心大厅，并尝试与病患接触谋求生意。10时15分许，该女子与一名30岁左右的男性病患开始交流，片刻后双方行走至预检中心旁的B超室预约台附近。监控显示该女子用手机拨打了一通电话，随后与该病患交谈了几句后，病患从包内拿出几张红色的百元面值人民币交给了该女子。发现该情况后，保卫科初步判定该女子已经与病患完成了某种交易，随即联系安保人员在门诊一号楼三楼根据监控反映出的体貌特征，控制住了该名女子。女子在安保人员的询问下拒不承认自己是“黄牛”号贩，保卫科随即联系警方，并将整个过程的视频资料保存、提供给警方。在完整的视频监控资料前和警方的询问下，该女子终于承认自己是“黄牛”，该日在医院门诊一号楼三楼收取了一名病患300元现金，为其插队做B超检查。后该女子由警方带回做进一步调查。

【评价分析】

保卫科监控室安保当值人员处置“黄牛”贩号案件的流程符合治安类案（事）件处置流程的要求。安保当值人员根据该号贩子多次在医院门诊大楼向病人贩号的记录，锁定嫌疑人的衣着和行为特征，初步判定该女子为“黄牛”，通过对讲机通报各楼层，内外联动密切关注其一举一动。在确定该女子已经与病患完成了某种交易后，现场安保人员及时行动，控制住了该号贩子，并随即联系警方。尽管该号贩子拒不承认自己是“黄牛”，但监控值班人员能够及时通过监控画面的保存和回放，将其体貌特征、贩号情节等实时完整的破案信息提供给警方。

这个案例的成功之处是，视频监控操作人员及时发现可疑情况，重点跟踪，内外联动，抓住现行，锁定证据，配合警方，一举破案。

2. 商场视频安防监控应用案例

【案例回顾】

2013年4月3日下午3点58分，一男子从浦东某珠宝公司张杨路南大门进入，在一楼摆件柜台徘徊。因其衣着不整、形迹可疑，引起了一名巡逻安保人员的注意，按照巡逻岗位职责要求，该巡逻安保人员立即使用对讲机联系视频安防监控室安保当值人员。视频监控室安保人员按照监控细则要求和安保处置工作流程要求，立即把监控大屏幕切换到嫌疑人所处方位实施跟踪，并用对讲机通知安保队长和其他执勤岗位安保人员，要求门岗安保人员加强安全防范。安保队长和领班接到指令后，立即到达现场进行跟踪。跟踪过程中，该男子发现已引起安保人员注意后，迅速摆脱安保人员来到了二楼。安保队长和领班跟随该名男子来到二楼继续保持跟踪。此时二楼巡岗安保人员已经待命，时刻注意观察该男子动向。监控室安保当值人员接到信息后把监控画面切换至二楼方位，继续保持跟踪状态。4 点 08 分左右，该男子进入一家售卖 18 K 金饰的专柜。柜台营业员在该男子示意下，取出一枚 18 K 玫瑰金钻戒给他看。该男子取过钻戒假装试带套在手上后，突然之间转身冲向通往一楼的自动扶梯逃窜。营业员见此突发情况，立即追出柜台并大声呼叫抓贼。监控室安保当值人员发现情况后，立即启动发生抢劫情况时的应急预案（按下手动报警按钮，用对讲机通知各岗位安保人员现场情况，同时向安全保卫部领导汇报）。各门岗安保人员立即拔出警棍封锁住大门，并拿起灭火机待命，同时安保队长和领班立即追赶该男子。该男子逃至一楼时，被闻讯赶来的一楼楼面巡岗安保人员和一名员工推到，此时安保队长和领班迅速冲上去将其制服，当场将其抓获并从其手指上缴获被抢钻戒。其余安保人员立即组织力量控制现场，在现场周围围起警戒线，维持现场秩序，保护现场，警方到达现场后，将该男子带离。

【评价分析】

视频安防监控室安保当值人员在此次事件中的反应和操作顺序是正确有效的，开始发现嫌疑人进入商店时，严格遵守了监控细则和岗位职责的要求，迅速切换监控画面至嫌疑人方位，实行画面跟踪，并用对讲机通知各岗位安保人员加强安全防范，当发生抢劫时，监控室安保当值人员立即启动发生抢劫案件应急预案，迅速报警，并加强与各岗位安保人员通信联络，让各岗位安保人员严阵以待，对最后能够顺利抓获罪犯起到了关键作用。

3. 银行视频安防监控应用案例

【案例回顾】

某日凌晨 2 时 24 分 31 秒，监控中心安保当值人员发现一男子进入银行某离行式自助银行内，初看似办理业务，随后，该男子突然点燃自助设备后迅速逃离。监控中心迅速启动“银行远程监控突发事件处置预案”，一名安保当值人员拨打“110”报警电话，请求消防和警方到现场处置，同时通知安全保卫处和相关部门人员，相关人员按程序报告安全保卫处处长和相关部门负责人。另一名安保当值人员通过切换画面观察该男子的体貌特征、逃跑方向和网点内的情况，并开始远程下载备份事件时间段内的录像，开始备份3 min后，远程下载因当地断电而中断。

大火引起大楼消防报警，物业保安在2 min内赶到该自助银行，使用自助银行内灭火器进行灭火。由于自助设备内也在燃烧，随后赶到的消防人员砸开自助设备的面板部分，使用水枪将内部余火扑灭。

银行安全保卫处和相关部门领导、员工共4人于凌晨3时左右先后到达自助银行现场，此时网点内电路因遇水短路而中断，他们先后通知了办公室要求派电工到场进行抢修，通知监控安装公司派技术员到场检查监控，联系押运公司进行清机。警方到达后，监控中心安保当值人员将事件经过、该男子的体貌特征和逃跑方向向警方进行了描述，警方在两小时内就确定了该男子的行动轨迹，最终于次日将其抓获。

凌晨6点，网点恢复供电，监控中心迅速备份事件发生时的录像，将录像送达警方，提供第一手资料。同时监控中心安保当值人员根据安全保卫处处长的要求，备份事件发生前三天的录像，查找嫌疑人是否有预先踩点的情况。天亮前，现场处置人员对现场情况进行了拍照、摄像，同时，将整个玻璃墙体用报纸糊上，防止动机不良者进行拍照、摄像，在网络上散播。安全保卫处和相关部门派人员进行现场看守，对现场进行保护，方便警方勘查、取证。

监控中心在该案件现场处置完毕后，对处置工作进行小结，安全保卫处将其形成突发事件处置报告，并将报告归档入库以备日后查阅学习。

【评价分析】

根据安保人员在治安、刑事类案（事）件处置各阶段的要求分析：在初期处置阶段，因事发突然，安保人员在无法及时制止犯罪行为的情况下，采取立即报警和向上级报告的措施，银行相关负责人在第一时间赶到案发现场，有效防止事故发生和事态扩大，为事后调查、了解真相提供证据保障和创造其他有利条件。在中、后期处置阶段，银行采用“紧急参与”方式，迅速集结队伍，派出安全保卫处和相关部门领导、员工共4人，在半小时左右即赶到案发现场，确保及时、有效地处置治安突发事件。

根据安保人员在治安、刑事类案（事）件处置的流程分析：监控室安保当值人员在处置该案件时，符合治安、刑事类案（事）件处置流程要求的步骤、方式和顺序构成，主要包括：发现警情、向警方或有关部门报警、向上级报告并发布警情、辅助指挥现场处置、协助公安民警进行现场处置、现场处置后的相关工作、处置工作小结、书面材料归档入库等工作。

另外，监控室安保当值人员能够及时通过切换画面观察该男子的体貌特征、逃跑方向和网点内的情况，并在通电后第一时间备份录像，以向警方提供有利破案信息。现场处置人员对现场情况进行了拍照、摄像，同时，将整个玻璃墙体用报纸糊上，防止动机不良者进行拍照、摄像，在网络上散播。安全保卫处和相关部门还派人员进行现场看守，对现场进行保护，方便警方勘查、取证。这些工作有利于提高违法犯罪现场勘查效率，保守侦查秘密。

4. 视频实时巡逻—快速发现（智能识别）—精确处置的实例

在上海某区城市网格化综合管理中心，设有视频指挥、信息平台和视频巡查三套系统，通过32块大屏幕在各系统中自如切换。

区城市网格化综合管理中心在区内所有街道建立了网格化管理中心分中心，在分中心的监控室内，能通过前端监控摄像机看到辖区内的状况，对跨门营业、流动设摊、机动车占道等进行管控。

有的街道还增设了“视频图像智能识别”系统，可以实现动态管理。每幅图像都能自动与5 min前的图像进行比对，减少了对人力的依赖。

目前，在全区共有5 000多个前端监控摄像机为网络化综合管理中心服务，这些视频监控信息资源，能与公安等部门实现共享，既是城市治安的有力保障，又为城市综合治理提供方便。

视频巡查还覆盖各住宅小区，对居民区内的违法搭建、盗窃助动车（自行车）等违法现象，做到快速发现，快速处置。

本章测试题

一、判断题（将判断结果填入括号中。正确的填“√”，错误的填“×”）

1. 一般情况下，视频图像中视频安防监控的主体目标应一目了然，占据整个视频图像的大部分面积，且确保对视频安防监控主体关键部位的全覆盖。（　　）

2. 如监控目标是商场内的一个货架，在设置该视频安防监控摄像机的画面时，要将该货架设置在画面正中位置，货架边上的通道不一定要包含在画面中。（　　）

3. 如视频安防监控摄像机的监控目标是商场内的一个货架，首先要将该货架设置在画面正中位置，其次应考虑尽量将该货架边上的通道包含在画面中，这样就可以发

现接近该货架人员的基本特征、行为动作和来去的方向。（ ）

4. 要根据监控目标的实际情况合理使用焦距，“一般”等级的监控应以近景焦距为主、远景焦距为辅，这样可以缓解视频监控室安保当值人员的视觉疲劳。（ ）

5. 视频安防监控室安保当值人员要根据监控目标的实际情况合理使用焦距。一般情况下，“重点”和“关注”等级的监控摄像机应以近景焦距为主、远景焦距为辅。（ ）

6. 在日常的摄影中，人们总是习惯将地平线放在画面下方 1/3 位置，这符合一般的审美标准。（ ）

7. 在监控道路的视频画面中，地面轮廓线应处于画面上方 1/3 位置，甚至更上方。（ ）

8. 安保人员在进行视频安防监控摄像机定位时，应尽量避免摄像机被树叶、广告牌等遮挡，使视频安防监控的作用发挥到最大。（ ）

9. 安保人员在进行视频安防监控摄像机定位时，应尽量避免摄像机被树叶、广告牌等遮挡。如必须要将视频安防监控摄像机朝向树叶、广告牌等遮挡物，就要增加监控摄像机，以提高视频监控的效果。（ ）

10. 夜间视频安防监控摄像机有可能被灯光照射形成逆光，因此，视频安防监控室安保当值人员要合理调整监控摄像机的朝向，避免较强灯光直射造成的逆光。（ ）

11. 白天在室外的视频安防监控摄像机有可能被太阳光直射形成逆光，因此，视频安防监控室安保当值人员要根据日照的方向，及时调整受影响的监控摄像机的焦距，避免太阳光直射造成的逆光。（ ）

12. 夜间监控摄像机直接朝向机动车道来车方向，被车辆远光灯照射形成逆光。视频安防监控室安保当值人员应将监控摄像机朝向机动车来车方向，避免因车辆远光灯照射形成的逆光。（ ）

13. 除由于安保区域条件限制或安保的要求，夜间监控摄像机无法避开车辆来车方向的情况外，监控室安保当值人员均应将监控摄像机朝向机动车去车方向，避免因车辆远光灯照射形成的逆光。（ ）

14. 在实施“视频巡逻”、跟踪、观察完毕后，视频安防监控室安保当值人员应当及时将视频安防监控摄像机朝向回复到初始状态。（ ）

15. 在实施“视频巡逻”、跟踪、观察完毕后，视频安防监控室安保当值人员应当将一个监控摄像机保持原有朝向，其他全部关闭。（ ）

16. 视频安防监控室安保当值人员在进行“视频巡逻”时，要结合安保目标或安

保区域的具体情况，着重观察着休闲装的可疑人员。（　　）

17. 公安部门在对抓获的盗窃、抢夺、抢劫等犯罪嫌疑人的着装进行分析后发现，有很多嫌疑人有为便于迅速逃离现场而穿着运动装（运动鞋）的习惯。因此，视频安防监控室安保当值人员在进行“视频巡逻”时，要结合安保目标或安保区域的具体情况，着重观察具有这些特征的可疑人员。（　　）

18. 公安部门在分析破获的盗窃案件后发现，有较大一部分盗窃嫌疑人将盗窃所得物品装入携带的一个大包内后离开案发现场，该类作案手法俗称“大包套小包”。因此，视频安防监控室安保当值人员在进行“视频巡逻”时，凡携带大包小包的人员都要着重观察。（　　）

19. 公安部门在分析破获的盗窃案件后发现，有较大一部分盗窃嫌疑人将盗窃所得物品装入携带的一个大包内后离开案发现场。因此，视频安防监控室安保当值人员在进行“视频巡逻”时，凡携带大包的人员都要着重观察。（　　）

20. 在安保区域内出现的穿着暴露、长时间逗留，并主动与多名经过男性搭话的女性人员，例如经常出现在宾馆门口、穿着暴露的女性人员，一定是从事不良职业人员。（　　）

21. 经常出现在宾馆门口、穿着暴露的女性人员，就很可能是从事不良职业人员，她们不具备携带行李的特征。（　　）

22. 在名医院挂号处，经常会出现长时间逗留、主动与经过人员或排队挂号人员搭话的人员，这些人可能是号贩子。（　　）

23. 在医院安保区域附近长时间逗留，并主动与经过人员搭话的人，可能是名医院挂号处的号贩子。（　　）

24. 视频安防监控室安保当值人员在进行“视频巡逻”时，若发现有人见到监控摄像机朝向他时，突然改变原先行走路线，有意躲开视频安防监控摄像机，必须重点观察。（　　）

25. 视频安防监控室安保当值人员在进行“视频巡逻”时，若发现有人见到监控摄像机朝向他时，加快脚步行走，必须重点观察。（　　）

26. 在银行门口、ATM机等银行安保重点区域，发现有长时间停留的人员时，视频安防监控室安保当值人员要重点观察其是否时常向银行内张望，是否关注ATM机前的提款人，并搜索周边可能存在的嫌疑人的同伙，立即通知“实兵巡逻”的安保人员上前进行询问。（　　）

27. 在银行门口、ATM机等银行安保重点区域，如有长时间停留且常向银行内张

望的人员，应搜索周边可能存在的嫌疑人的同伙，必要时通知“实兵巡逻”的安保人员上前进行询问。（ ）

28. 开架式商城内偷窃商品的盗窃嫌疑人，往往采用避开工作人员的手法进行偷窃。（ ）

29. 开架式商城视频安防监控室安保当值人员在进行“视频巡逻”时，发现专门在少有人经过的通道处窥探的人员，需要注意观察。（ ）

30. 视频安防监控室安保当值人员在进行“视频巡逻”时，发现进入银行办理现金业务的顾客被人尾随，只是尾随无须大惊小怪，不会有案件发生。（ ）

31. 视频安防监控室安保当值人员在进行“视频巡逻”时，发现有尾随他人进入安保区域的人员需要重点观察，必要时应及时报警，及时采取有效措施，预防相关案件发生。（ ）

32. 当展览会馆进入一群簇拥行走的人员时，视频安防监控室安保当值人员无须重点观察，一般情况下，他们是参观人员。（ ）

33. 视频安防监控室安保当值人员在进行“视频巡逻”时，若发现在安保区域内有簇拥行走的人员，应通知巡逻安保人员对其截停。（ ）

34. 在进行“视频巡逻”时，视频安防监控室安保当值人员对进入安保区域内的或出现在周边的车辆，应进行全面的识别。（ ）

35. 在进行“视频巡逻”时，视频安防监控室安保当值人员如发现机动车牌照模糊，应予以重点观察。（ ）

36. 在银行门口、ATM 机等银行安保重点区域，发现有长时间停留的车辆时，视频安防监控室安保当值人员就要通知巡逻安保人员劝其立即离开。（ ）

37. 在银行门口、ATM 机等银行安保重点区域，视频安防监控室当值人员发现有长时间停留的车辆时，就应进行驱赶。（ ）

38. 视频安防监控室安保当值人员在工作时，应时刻留意各类通信设施是否完好，要经常与“实兵巡逻”的安保人员进行电台联络，始终保持内外联动状态。（ ）

39. 视频安防监控室安保当值人员在工作时，应时刻留意各类通信设施是否完好，要经常与“实兵巡逻”的安保人员进行微信联络，始终保持内外联动状态。（ ）

40. 视频安防监控室安保当值人员通过监控主动发现治安、刑事类案（事）件警情时，应对警情的性质做出结论，不能做出判断的，要通过电台或其他通信工具通知“实兵巡逻”的安保人员到场进行现场核实。（ ）

41. 视频安防监控室安保当值人员通过监控主动发现治安、刑事类案（事）件警

情时，应对警情的性质做一个初步的判断，应将安保区域内发生的警情及时向部门领导汇报。 （ ）

42. 视频安防监控室安保当值人员通过监控主动发现正在实施的违法犯罪活动时，应立即通过电台或其他通信工具通知“实兵巡逻”的安保人员到场进行制止或现场抓捕，并运用视频安防监控进行全程监控。 （ ）

43. 视频安防监控室安保当值人员通过监控主动发现正在实施的违法犯罪活动时，应运用视频安防监控进行全程监控。 （ ）

44. 视频安防监控室安保当值人员在接到“实兵巡逻”安保人员报告的警情时，应马上报警让警察来处理。 （ ）

45. 视频安防监控室安保当值人员在接到“实兵巡逻”安保人员报告的警情时，应立即对朝向该区域的视频安防监控进行回放，确认案（事）件发生的时间与嫌疑人的特征。 （ ）

46. 视频安防监控室安保当值人员在向本部门领导汇报治安、刑事类案（事）件的情况后，应当立即拨打“110”报警电话向警方报警。 （ ）

47. 视频安防监控室安保当值人员在向本部门领导汇报治安、刑事类案（事）件的情况后，还应根据警情的具体情况决定是否报警。 （ ）

48. 视频安防监控室安保当值人员在治安、刑事类案（事）件的处置过程中，不仅要灵活运用事发区域的监控摄像机对案（事）件的处置过程进行全程监控，还应熟悉该时段安保区域内安保人员的人数及其所在岗位，指挥其他安保人员的调动与集结。 （ ）

49. 视频安防监控室安保当值人员在治安、刑事类案（事）件的处置过程中，不仅要灵活运用事发区域的监控摄像机对案（事）件的处置过程进行全程监控，还应熟悉该时段安保区域内安保人员的人数及其所在岗位，配合安保部门领导指挥其他安保人员的调动与集结。 （ ）

50. 单位领导或安保部门的领导到治安、刑事类案（事）件现场进行处置时，视频安防监控室的安保当值人员必须担负起指挥的职责。 （ ）

51. 单位领导或安保部门的领导到治安、刑事类案（事）件现场进行处置时，视频安防监控室的安保当值人员必须担负起辅助指挥的职责，充分利用视频安防监控系统实时、多角度、全方位的视频观察和定点回放功能，为领导们的决策做好参谋。 （ ）

52. 当公安民警到达安保区域进行治安、刑事类案（事）件警情处置时，视频安

防监控室安保当值人员要与公安民警一起进行相关处置工作，掌握现场的具体情况。（　）

53. 当公安民警到达安保区域进行治安、刑事类案（事）件处置时，视频安防监控室安保当值人员应尽的职责之一是详细汇报现阶段已经掌握的具体情况。（　）

54. 在安保区域内的治安、刑事类案（事）件现场处置工作结束后，视频安防监控室的安保当值人员必须安排好相关安保人员对该现场进行善后。（　）

55. 在安保区域内的治安、刑事类案（事）件现场处置工作结束后，视频安防监控室的安保当值人员必须对与该案（事）件有关的监控视频进行回放确认，以备在下阶段处理该案（事）件时调阅。（　）

56. 视频安防监控室安保当值人员在治安、刑事类案（事）件现场处置过程中，应对处置工作进行实时小结。（　）

57. 视频安防监控室安保当值人员在治安、刑事类案（事）件现场处置完毕后，应对处置工作进行小结，并配合公安机关撰写结案报告。（　）

58. 视频安防监控室安保当值人员在发现或接报治安、刑事类案（事）件警情后，应立即通知“实兵巡逻”的安保人员进行现场处置，同时要提醒前往处置的安保人员，为了保全案（事）件证据，要注意对案（事）件现场的保护。（　）

59. 视频安防监控室安保当值人员在发现或接报治安、刑事类案（事）件警情后，应立即通知“实兵巡逻”的安保人员进行现场处置，同时要提醒前往处置的安保人员，为统计受侵害程度，要注意对案（事）件现场的保护。（　）

60. 视频安防监控室安保当值人员在发布警情、通知“实兵巡逻”的安保人员前往现场处置时，就应及时提醒其注意现场保护，在处理完毕后，必须将与该案（事）件有关的监控视频下载保存，以备公安机关调阅。（　）

61. 视频安防监控室安保当值人员在发布警情、通知“实兵巡逻”的安保人员前往现场处置时，就应及时提醒其注意现场保护，在处理完毕后，必须对与该案（事）件有关的监控视频进行回放确认，以备公安机关调阅。（　）

62. 视频安防监控室安保当值人员应根据案（事）件现场情况，结合安保区域的全面工作，合理调集相应的安保处置人员，确保能对案（事）件现场进行有效控制；同时能积极主动地做出处置决定。（　）

63. 视频安防监控室安保当值人员应根据案（事）件现场情况，结合安保区域的全面工作，合理调集相应的安保处置人员，确保能对案（事）件现场进行有效控制。（　）

64. 在案（事）件处置过程中可能有多个部门共同参与，这就要求视频安防监控室安保当值人员在安排好本部门处置人员的同时，还要做好其他参加该案（事）件处置人员的指挥工作。（　　）

65. 在案（事）件处置过程中可能有多个部门共同参与，这就要求视频安防监控室安保当值人员在安排好本部门处置人员的同时，还必须具备协调联络能力。（　　）

66. 视频安防监控室安保当值人员应具备根据案（事）件的具体情况，及时向单位领导提出现场处置的合理建议的能力，这要求视频安防监控室安保当值人员具有现场控制能力。（　　）

67. 视频安防监控室安保当值人员应具备根据案（事）件的具体情况，及时向单位领导提出现场处置的合理建议的能力，这一能力称为辅助决策能力。（　　）

68. 视频安防监控室安保当值人员在发布警情、通知“实兵巡逻”的安保人员前往现场处置完毕后，必须将与该案（事）件有关的监控视频下载保存，以备公安机关调阅，这要求视频安防监控室安保当值人员具有协调联络能力。（　　）

69. 视频安防监控室安保当值人员应具备证据保全能力，即及时提醒“实兵巡逻”的安保人员注意现场保护，在处理完毕后必须将与该案（事）件有关的监控视频下载保存，以备公安机关调阅。（　　）

70. 视频安防监控室安保当值人员在向他人提供视频内容时，应维护当事人的隐私权，要处理好视频内容怎么给和给什么的关系。（　　）

71. 视频安防监控室安保当值人员在向他人提供视频内容时，要考虑维护他人的隐私权，谁都不能给。（　　）

72. 摄像机位置应根据计划具体目标，由单位领导自主确定。（　　）

73. 摄像机位置应根据犯罪热点地区进行确定，包括经常有潜在高危人群出入的地方等。（　　）

二、单项选择题（选择一个正确的答案，将相应字母填入题内的括号中）

1. 某视频安防监控摄像机的监控目标是商场内的一个货架，在设置该视频安防监控摄像机的画面时，要将该货架设置在画面（　　）的位置。

A. 正中　　B. 偏下　　C. 偏上　　D. 偏右

2. 一般情况下，视频图像中视频安防监控的主体目标应一目了然，占据整个视频图像的大部分面积，且确保对视频安防监控主体关键部位的（　　）。

A. 1/2 覆盖　　B. 3/4 覆盖　　C. 基本覆盖　　D. 全覆盖

3. 如视频安防监控摄像机的监控目标是商场内的一个货架，首先要将该货架设置在画面正中位置，其次应考虑尽量将（　　），这样就可以发现接近该货架人员的基本特征、行为动作和来去的方向。

A. 画面放大　　B. 画面缩小

C. 该货架边上的通道包含在画面中　　D. 画面清晰度调整

4. 如视频安防监控摄像机的监控目标是商场内的一个货架，在设置该视频安防监控摄像机的画面时，首先要将该货架设置在画面正中位置，其次应考虑尽量将该货架边上的通道包含在画面中，这样视频安防监控就可以发现接近该货架人员的（　　）和来去的方向。

A. 基本特征、行为动作　　B. 性别、年龄

C. 衣着穿戴、行为动作　　D. 基本信息、行为特征

5. 视频安防监控室安保当值人员要根据监控目标的实际情况合理使用焦距。一般情况下，（　　）等级的监控摄像机应以近景焦距为主、远景焦距为辅。

A. “重点”和“一般”　　B. “一般”和“关注”

C. “重点”和“关注”　　D. “重点”“关注”和“一般”

6. 视频安防监控室安保当值人员要根据监控目标的实际情况合理使用焦距。（　　）的监控摄像机应以远景焦距为主、近景焦距为辅，这样也可以缓解视频安防监控室安保当值人员的视觉疲劳。

A. “一般”等级　　B. “关注”等级

C. “重点”等级　　D. “一般”和“关注”等级

7. 在日常的摄影中，人们总是习惯将地平线放在画面下方（　　）位置，这符合一般的审美标准。

A. 1/4　　B. 1/3　　C. 1/2　　D. 2/3

8. 在监控道路的视频画面中，（　　）应处于画面上方 1/3 位置，甚至更上方。

A. 地面　　B. 天空　　C. 地平线　　D. 地面轮廓线

9. 在进行视频安防监控摄像机定位时，应尽量避免摄像机被树叶、广告牌等遮挡。如必须要将视频安防监控摄像机朝向树叶、广告牌等遮挡物，应（　　），使视频安防监控的作用发挥到最大。

A. 增加监控摄像机　　B. 调整监控摄影机设置高度

C. 想办法除去遮挡物　　D. 利用变焦技术

10. 在进行视频安防监控摄像机定位时，应尽量避免摄像机被树叶、广告牌等遮挡。如必须要将视频安防监控摄像机朝向树叶、广告牌等遮挡物，就要想办法除去遮

挡物，使视频安防监控的作用（　　）。

A. 充分发挥　　B. 发挥到最大　　C. 尽可能发挥　　D. 有所改善

11. 白天在室外的视频安防监控摄像机有可能被太阳光直射形成逆光，因此，视频安防监控室安保当值人员要根据日照的方向，及时调整受影响的监控摄像机的（　　），避免太阳光直射造成的逆光。

A. 朝向　　B. 光圈　　C. 焦距　　D. 遮光板

12. 夜间视频安防监控摄像机会被灯光照射形成逆光，因此，视频安防监控室安保当值人员要根据监控摄像机朝向方的灯光照射情况，合理调整监控摄像机的（　　），避免较强灯光直射造成的逆光。

A. 光圈　　B. 焦距　　C. 朝向　　D. 遮光板

13. 夜间监控摄像机直接朝向机动车道来车方向，被车辆远光灯照射形成逆光。视频安防监控室安保当值人员应将监控摄像机朝向机动车（　　），避免因车辆远光灯照射形成的逆光。

A. 来车方向　　B. 45°方向　　C. 90°方向　　D. 去车方向

14. 除由于安保区域条件限制或安保的要求，夜间监控摄像机无法避开车辆来车方向的情况外，监控室安保当值人员均应将监控摄像机（　　），避免因车辆远光灯照射形成的逆光。

A. 朝向机动车去车方向　　B. 朝向机动车来车方向

C. 朝向机动车去车45°方向　　D. 朝向机动车去车60°方向

15. 在实施“视频巡逻”、跟踪、观察完毕后，视频安防监控室安保当值人员应当及时将视频安防监控摄像机（　　），这有利于当值人员在下一次操作时，快速准确地判断视频安防监控摄像机的朝向，提高视频安防监控的效率。

A. 全部关闭

B. 朝向回复到初始状态

C. 部分关闭，部分保持原有朝向

D. 一个保持原有朝向，其他全部关闭

16. 在（　　）后，视频安防监控室安保当值人员应当及时将视频安防监控摄像机朝向回复到初始状态。这样可以确保安保目标或区域的重点部位实时处于视频安防监控范围内，同时有利于当值人员在下一次操作时，快速准确地判断视频安防监控摄像机的朝向，提高视频安防监控的效率。

A. 视频安防监控设备维修

B. 视频安防监控设备开启 12 h

C. 视频安防监控设备开启 24 h

D. 实施“视频巡逻”、跟踪、观察完毕

17. 公安部门在对抓获的盗窃、抢夺、抢劫、寻衅滋事等犯罪嫌疑人的着装进行分析后发现，有很多嫌疑人有为便于迅速逃离现场而穿着（　　）的习惯。因此，视频安防监控室安保当值人员在进行“视频巡逻”时，要结合安保目标或安保区域的具体情况，着重观察具有这一特征的可疑人员。

A. 运动装（运动鞋）　　B. 休闲装

C. 名牌服装　　D. 迷彩服装

18. 公安部门在对抓获的（　　）等犯罪嫌疑人的着装进行分析后发现，有很多嫌疑人有为便于迅速逃离现场而穿着运动装（运动鞋）的习惯。因此，视频安防监控室安保当值人员在进行“视频巡逻”时，要结合安保目标或安保区域的具体情况，着重观察具有这一特征的可疑人员。

A. 盗窃、抢劫、吸毒　　B. 盗窃、卖淫、兜售光碟

C. 盗窃、抢夺、抢劫　　D. 车站“黄牛”、卖淫、寻衅滋事

19. 公安部门在分析破获的盗窃案件后发现，有较大一部分盗窃嫌疑人将盗窃所得物品装入携带的一个大包内后离开案发现场，该类作案手法俗称（　　）。因此，视频安防监控室安保当值人员在进行“视频巡逻”时，要结合具体情况对进入安保区域携带空大包的人员着重观察。

A. “一次搞定”　　B. “盗窃物品装大包”

C. “大包伪装”　　D. “大包套小包”

20. 公安部门在分析破获的盗窃案件后发现，有较大一部分盗窃嫌疑人将盗窃所得物品装入携带的一个大包内后离开案发现场，该类作案手法俗称“大包套小包”。因此，视频安防监控室安保当值人员在进行“视频巡逻”时，要结合具体情况对进入安保区域携带空大包的人员（　　）。

A. 着重观察　　B. 进行控制　　C. 通知截停　　D. 立即抓捕

21. 在安保区域内出现的穿着暴露、长时间逗留，并主动与多名经过男性搭话的女性人员，例如经常出现在宾馆门口穿着暴露的女性人员，（　　）。

A. 肯定是从事不良职业人员　　B. 很可能是从事不良职业人员

C. 是宾馆公关员　　D. 是宾馆女服务员

22. 经常出现在宾馆门口穿着暴露的女性人员，很可能是从事不良职业人员。她们

不具备（　　）的特征。

A. 穿着暴露　　B. 长时间逗留

C. 携带行李　　D. 主动与多名男性搭话

23. 在安保区域附近经常出现，每次出现时都长时间逗留，并主动与经过人员搭话的“黄牛”，不包括（　　）。

A. 名医院挂号处的号贩子

B. 会展期间场馆附近的票贩子

C. 南京路、淮海路沿线的非法拉客人员

D. 从事不良职业女性

24. 在名医院的挂号处，经常会出现长时间逗留、主动与经过人员或排队挂号人员搭话的人员，这些人可能是（　　）。

A. 票贩子　　B. 非法拉客人员　　C. 号贩子　　D. 旅馆业务员

25. 视频安防监控室安保当值人员在进行“视频巡逻”时，若发现有人见到监控摄像机朝向他时，（　　），必须重点观察。

A. 进入路边的商店

B. 突然改变原先行走路线，有意躲开视频安防监控人员

C. 加快脚步行走

D. 弯腰系鞋带

26. 视频安防监控室安保当值人员在进行“视频巡逻”时，若发现有人见到监控摄像机朝向他时，突然改变原先行走路线，有意躲开视频安防监控人员，（　　）。

A. 必须重点观察　　B. 要通知截停　　C. 要上前盘查　　D. 应实施跟踪

27. 在银行门口、ATM 机等银行安保重点区域，如果有不正常的现象，视频安防监控室安保当值人员应搜索周边可能存在的嫌疑人的同伙，必要时通知“实兵巡逻”的安保人员上前进行询问。其中（　　）不属于不正常的现象。

A. 长时间停留的人员　　B. 时常向银行内张望

C. 关注 ATM 机前的提款人　　D. 两个人同时进入 ATM 机取款间

28. 在银行门口、ATM 机等银行安保重点区域，发现有长时间停留的人员时，视频安防监控室安保当值人员要重点观察其是否时常向银行内张望，是否关注 ATM 机前的提款人，并搜索周边可能存在的嫌疑人的同伙，必要时（　　）。

A. 打“110”报警

B. 通知“实兵巡逻”的安保人员上前进行询问

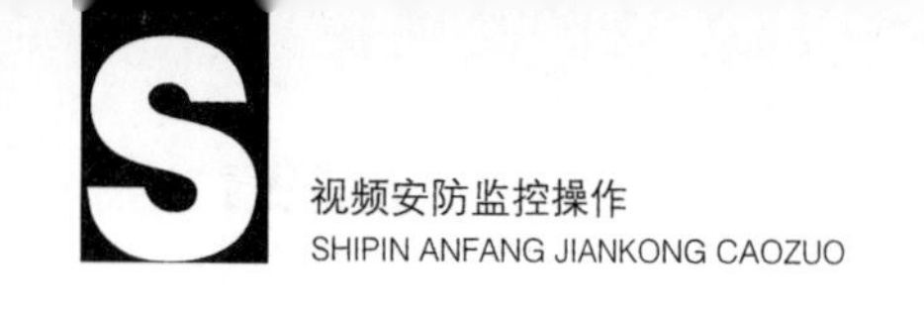

C. 通知银行门口安保人员进行驱赶

D. 将情况报告给领导

29. 开架式商城视频安防监控室安保当值人员在进行“视频巡逻”时，不需要注意观察（　　）的人员。

A. 有意避开其他顾客　　B. 专门在没有人的区域张望

C. 将商品放入自带购物袋　　D. 专门在少有人经过的通道处窥探

30. 开架式商城内偷窃商品的盗窃嫌疑人，往往采用的偷窃方法不包括（　　）。

A. 将商品放入自带购物袋　　B. 避开商场其他顾客

C. 避开商场工作人员　　D. 在少有人经过的通道处四处张望

31. 视频安防监控室安保当值人员在进行“视频巡逻”时，发现有尾随他人进入安保区域的人员需要重点观察，必要时应（　　），及时采取有效措施，预防相关案（事）件发生。

A. 及时报警

B. 及时报告领导

C. 通知门卫对其进行询问

D. 与“实兵巡逻”的安保人员联动对其进行询问

32. 视频安防监控室安保当值人员在进行“视频巡逻”时，发现有尾随他人进入安保区域的人员，需要（　　），必要时应及时采取有效措施，预防相关案（事）件发生。

A. 重点观察　　B. 及时报告领导

C. 通知门卫对其进行询问　　D. 通知门卫对其截停

33. 视频安防监控室安保当值人员在进行“视频巡逻”时，若发现在安保区域内有簇拥行走的人员，（　　）。

A. 应及时报告领导　　B. 需要重点观察

C. 应通知巡逻安保人员劝其分散行走　　D. 应通知巡逻安保人员对其截停

34. 当博览中心进入（　　）时，视频安防监控室安保当值人员就必须重点观察，确认是参观人员还是有其他图谋的人员。

A. 一对情侣　　B. 一个男子

C. 一群簇拥行走的人员　　D. 一个女子

35. 在进行“视频巡逻”时，视频安防监控室安保当值人员如发现机动车牌照模糊，应（　　）。

A. 立即通知“实兵巡逻”的安保人员上前询问

B. 报“110”

C. 予以重点观察

D. 前往仔细观察

36. 在进行“视频巡逻”时，视频安防监控室安保当值人员对进入安保区域内的或出现在其周边的车辆，应先从外观上进行识别。以下（　　）车辆不属于可疑车辆，无须重点观察。

A. 无牌照　　B. 违章进入市区的沪C牌照

C. 牌照模糊　　D. 牌照倒装

37. 在银行门口、ATM机等银行安保重点区域，视频安防监控室安保当值人员发现有长时间停留的车辆时，（　　）。

A. 不必过于关心　　B. 应予以重点观察

C. 应报“110”　　D. 应立即进行驱赶

38. 在银行门口、ATM机等银行安保重点区域，发现有长时间停留的车辆时，视频安防监控室安保当值人员就要重点观察该车上的人员是否时常向银行内张望、是否关注ATM机前的提款人，并（　　）。

A. 搜索周边可能存在的嫌疑人的同伙　　B. 不需要过于关心

C. 报“110”　　D. 立即进行驱赶

39. 视频安防监控室安保当值人员在工作时，应时刻留意各类通信设施是否完好，要经常与“实兵巡逻”的安保人员进行（　　）联络，始终保持内外联动状态。

A. 固定电话　　B. 电台　　C. 手机　　D. 微信

40. 视频安防监控室安保当值人员在工作时，应时刻留意各类通信设施是否完好，要经常与“实兵巡逻”的安保人员进行电台联络，始终保持（　　）。

A. 内外联动状态　　B. 通话状态　　C. 备勤状态　　D. 处警状态

41. 视频安防监控室安保当值人员通过监控主动发现治安、刑事类案（事）件警情时，应对警情的性质做一个初步的判断，采取的应对措施中不正确的是（　　）。

A. 通知“实兵巡逻”的安保人员到场进行现场核实

B. 将安保区域内发生的警情及时向部门领导汇报

C. 视频安防监控室安保当值人员立即赶赴现场进行现场核实

D. 根据警情性质与具体情况决定是否调集其他安保人员参与现场处置工作

42. 视频安防监控室安保当值人员通过监控主动发现治安、刑事类案（事）件警

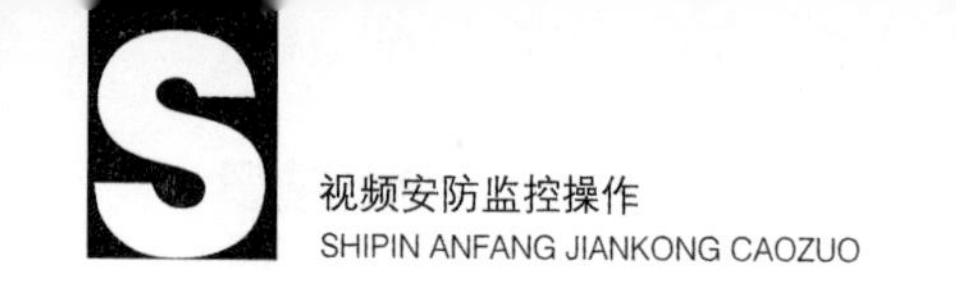

情时，应对警情的性质（　　），如不能做到这一点，要通过电台或其他通信工具通知“实兵巡逻”的安保人员到场进行现场核实。

A. 做出初步的判断　　B. 做出初步的结论
C. 做出最终的断定　　D. 做出最终的结论

43. 视频安防监控室安保当值人员通过监控主动发现正在实施的违法犯罪活动时，应立即通过电台或其他通信工具通知“实兵巡逻”的安保人员到场进行制止或现场抓捕，并运用视频安防监控进行（　　）。

A. 跟踪　　B. 指挥　　C. 联络　　D. 全程监控

44. 视频安防监控室安保当值人员通过监控主动发现正在实施的违法犯罪活动时，应采取的应对措施不包括（　　）。

A. 自己立即赶赴现场进行制止
B. 通知“实兵巡逻”的安保人员到场进行制止或现场抓捕
C. 运用视频安防监控进行全程监控
D. 必须留下能辨别嫌疑人的特写影像

45. 视频安防监控室安保当值人员在接到“实兵巡逻”安保人员报告的警情时，应立即对朝向该区域的视频安防监控（　　），确认案（事）件发生的时间与嫌疑人的特征。

A. 进行搜索　　B. 进行回放　　C. 进行延伸跟踪　　D. 扩大搜索区域

46. 视频安防监控室安保当值人员在接到“实兵巡逻”安保人员报告的警情时，应（　　），确认案（事）件发生的时间与嫌疑人的特征，及时将嫌疑人的相关体貌特征通报给其他岗位上的安保人员，以便他们发现并抓捕。

A. 立即对朝向该区域的视频安防监控进行搜索
B. 立即对朝向该区域的视频安防监控进行延伸跟踪
C. 立即对朝向该区域的视频安防监控进行回放
D. 扩大搜索区域，捕捉嫌疑对象

47. 视频安防监控室安保当值人员在向本部门领导汇报治安、刑事类案（事）件的情况后，还应（　　）。

A. 根据警情的具体情况决定是否报警
B. 立即拨打“110”报警电话报警
C. 立即通知有关部门到场处理
D. 立即拨打“110”报警或与有关部门联络通知其到场进行处置

48. 视频安防监控室安保当值人员在发现治安、刑事类案（事）件情况后，正确的做法是（　　）。

A. 向本部门领导汇报，再根据警情的具体情况决定是否报警

B. 立即拨打“110”报警或与有关部门联络通知其到场进行处置

C. 立即拨打“110”报警电话报警

D. 立即通知有关部门到场处理

49. 视频安防监控室安保当值人员在治安、刑事类案（事）件的处置过程中，不仅要灵活运用事发区域的监控摄像机对案（事）件的处置过程进行全程监控，还应（　　），配合安保部门领导指挥其他安保人员的调动与集结。

A. 了解全体安保人员的岗位分布情况

B. 掌握该时段安保区域内安保人员的人数

C. 熟悉安保区域内安保人员所在的岗位

D. 熟悉该时段安保区域内安保人员的人数及其所在岗位

50. 视频安防监控室安保当值人员在治安、刑事类案（事）件的处置过程中，不仅要灵活运用事发区域的监控摄像机对案（事）件的处置过程进行全程监控，还应熟悉该时段安保区域内安保人员的人数及其所在岗位，（　　）。

A. 配合安保部门领导指挥其他安保人员的调动与集结

B. 直接指挥其他安保人员调动与集结

C. 传达安保部门领导调动与集结安保人员的命令

D. 代表安保部门领导调动与集结其他安保人员

51. 单位领导或安保部门的领导到治安、刑事类案（事）件现场进行处置时，视频安防监控室的安保当值人员必须担负起辅助指挥的职责，充分利用视频安防监控系统（　　），为领导们的决策做好参谋。

A. 多角度的视频观察功能

B. 视频观察和定点回放功能

C. 实时、多角度、全方位的视频观察和定点回放功能

D. 全方位的视频观察和回放功能

52. 单位领导或安保部门的领导到治安、刑事类案（事）件现场进行处置时，视频安防监控室的安保当值人员必须担负起（　　），充分利用视频安防监控系统实时、多角度、全方位的视频观察和定点回放功能，为领导们的决策做好参谋。

A. 临时指挥的职责　　　　B. 辅助指挥的职责

C. 直接指挥的职责　　　　　　　　　D. 协助破案的职责

53. 当公安民警到达安保区域进行治安、刑事类案（事）件警情处置时，视频安防监控室安保当值人员必须（　　）公安民警进行相关处置工作，详细汇报现阶段已经掌握的具体情况，为公安民警进行现场处置提供支持。

A. 指挥　　　　B. 协助　　　　C. 帮助　　　　D. 指认

54. 当公安民警到达安保区域进行治安、刑事类案（事）件处置时，视频安防监控室安保人员应尽的职责不包括（　　）。

A. 协助公安民警进行相关处置工作

B. 详细汇报现阶段已经掌握的具体情况

C. 分析案（事）件的性质

D. 为公安民警进行现场处置提供帮助

55. 当安保区域内的治安、刑事类案（事）件现场处置工作结束后，视频安防监控室的安保当值人员必须将与该案（事）件有关的监控视频（　　），以备在下阶段处理该案（事）件时调阅。

A. 复制　　　　B. 剪辑　　　　C. 下载保存　　　　D. 回放确认

56. 当安保区域内的治安、刑事类案（事）件现场处置工作结束后，视频安防监控室的安保当值人员必须将与该案（事）件有关的监控视频下载保存，以备在下阶段处理该案（事）件时（　　）。

A. 剪辑　　　　B. 调阅　　　　C. 比较　　　　D. 重播

57. 视频安防监控室安保当值人员在治安、刑事类案（事）件现场处置完毕后，应对处置工作进行小结，并（　　）。

A. 配合安保部门领导撰写处置工作部门小结

B. 配合公安机关撰写现场处置小结

C. 完成撰写处置工作部门小结

D. 配合公安机关撰写结案报告

58. 视频安防监控室安保当值人员在治安、刑事类案（事）件现场处置完毕后，应（　　），并配合安保部门领导撰写处置工作部门小结。

A. 配合公安机关撰写结案报告　　　　B. 配合公安机关撰写现场勘验报告

C. 对处置工作进行小结　　　　D. 做好案（事）件现场处置过程记录

59. 视频安防监控室安保当值人员在发现或接报治安、刑事类案（事）件警情时，应立即通知“实兵巡逻”的安保人员进行现场处置，同时要提醒前往处置的安保人员，为了（　　），要注意对案（事）件现场的保护。

A. 立即破案　　B. 统计受侵害程度

C. 保全案（事）件证据　　D. 尽快找到犯罪嫌疑人

60. 视频安防监控室安保当值人员在发现或接报治安、刑事类案（事）件警情时，应立即通知“实兵巡逻”的安保人员进行现场处置，同时要提醒前往处置的安保人员，为了保全案（事）件证据，（　　）。

A. 要注意对案（事）件现场的保护　　B. 必须尽快找到犯罪嫌疑人

C. 要将现场打扫干净　　D. 立即将案（事）件证据收集起来

61. 视频安防监控室安保当值人员在发布警情、通知“实兵巡逻”的安保人员前往现场处置时，就应及时提醒其注意现场保护，在处理完毕后，必须将与该案（事）件有关的监控视频（　　），以备公安机关调阅。

A. 复制　　B. 剪辑　　C. 下载保存　　D. 回放确认

62. 视频安防监控室安保当值人员在发布警情、通知“实兵巡逻”的安保人员前往现场处置时，就应及时提醒其注意现场保护，在处理完毕后，必须将与该案（事）件有关的监控视频下载保存，以备公安机关（　　）。

A. 剪辑　　B. 调阅　　C. 改编　　D. 重录

63. 视频安防监控室安保当值人员应根据案（事）件现场情况，结合安保区域的全面工作，合理调集相应的安保处置人员，确保能对案（事）件现场进行有效控制；同时能积极主动地为安保单位领导（　　）。

A. 提供处置决定

B. 提供案（事）件现场处置的合理建议

C. 提供破案方案

D. 排忧解难

64. 视频安防监控室安保当值人员应根据案（事）件现场情况，结合安保区域的全面工作，合理调集相应的安保处置人员，确保（　　）。

A. 清空安保区域的所有人员　　B. 通过守候伏击抓到嫌疑人

C. 马上处置完毕　　D. 能对案（事）件现场进行有效控制

65. 在案（事）件处置过程中可能有多个部门共同参与，这就要求视频安防监控室安保当值人员在安排好本部门处置人员的同时，还要做好其他参加该案（事）件处置人员的（　　）。

A. 协调联络工作　　B. 岗位指派工作

C. 现场指挥工作　　D. 现场调度工作

66. 在案（事）件处置过程中可能有多个部门共同参与，这就要求视频安防监控室安保当值人员在安排好本部门处置人员的同时，还必须具备（　　）。

A. 证据保全能力　　B. 辅助决策能力

C. 现场控制能力　　D. 协调联络能力

67. 视频安防监控室安保当值人员应具备的根据案（事）件的具体情况，及时向单位领导提出现场处置的合理建议的能力称为（　　）。

A. 证据保全能力　　B. 辅助决策能力

C. 协调联络能力　　D. 现场控制能力

68. 视频安防监控室安保当值人员应具备（　　），即根据该案（事）件的具体情况，及时向单位领导提出现场处置的合理建议的能力。

A. 现场协调能力　　B. 辅助决策能力

C. 现场控制能力　　D. 现场决策能力

69. 视频安防监控室安保当值人员应具备（　　），即及时提醒“实兵巡逻”的安保人员注意现场保护，在处理完毕后必须将与该案（事）件有关的监控视频下载保存，以备公安机关调阅。

A. 现场协调能力　　B. 证据保全能力

C. 现场决策能力　　D. 现场控制能力

70. 以下不属于视频安防监控室安保当值人员在维护他人的隐私权方面，必须处理好的关系的是（　　）。

A. 监控摄像机向哪里看和看什么的关系

B. 视频下载保存和视频保管的关系

C. 公安机关调阅给与不给的关系

D. 视频怎么给和给什么的关系

71. 视频安防监控室安保当值人员在向他人提供视频内容时，（　　）。

A. 要处理好视频怎么给和给什么的关系

B. 要处理好视频内容给多给少的关系

C. 要考虑维护他人的隐私权，谁都不能给

D. 有人要就必须给

72. 摄像机的位置应根据犯罪热点地区进行确定，其中不包括（　　）。

A. ATM 机　　B. 浴室内

C. 停车场　　　　D. 经常有潜在高危人群出入的地方

73. 摄像机的位置应根据犯罪热点地区进行确定，其中不包括（　　）。

A. 营业大厅　　B. 铁路车站　　C. 厕所内　　D. 停车场

本章测试题答案

一、判断题

1. √　2. ×　3. √　4. ×　5. √　6. √　7. ×　8. √　9. ×
10. √　11. ×　12. ×　13. √　14. √　15. ×　16. ×　17. √　18. ×
19. ×　20. ×　21. √　22. √　23. √　24. √　25. ×　26. ×　27. √
28. √　29. √　30. ×　31. ×　32. ×　33. ×　34. ×　35. √　36. ×
37. ×　38. √　39. ×　40. ×　41. √　42. √　43. √　44. ×　45. √
46. ×　47. √　48. ×　49. √　50. ×　51. √　52. ×　53. √　54. √
55. ×　56. ×　57. ×　58. √　59. ×　60. √　61. ×　62. ×　63. √
64. ×　65. √　66. ×　67. √　68. ×　69. √　70. √　71. ×　72. ×
73. √

二、单项选择题

1. A　2. D　3. C　4. A　5. C　6. A　7. B　8. C　9. C　10. B
11. A　12. C　13. D　14. A　15. B　16. D　17. A　18. C　19. D　20. A
21. B　22. C　23. D　24. C　25. B　26. A　27. D　28. B　29. C　30. A
31. D　32. A　33. B　34. C　35. C　36. B　37. B　38. A　39. B　40. A
41. C　42. A　43. D　44. A　45. B　46. C　47. A　48. A　49. D　50. A
51. C　52. B　53. B　54. C　55. C　56. B　57. A　58. C　59. C　60. A
61. C　62. B　63. B　64. D　65. A　66. D　67. B　68. B　69. B　70. C
71. C　72. A　73. B

本章实操训练

案例1：处置盗窃非机动车案件

视频安防监控室安保当值人员在开展“视频巡逻”时发现安保区域内的非机动车

停放点有一男子鬼鬼祟祟，有盗窃非机动车的嫌疑，当即对其进行定点监视。通过监视发现该男子开始动手盗窃非机动车，视频安防监控室安保当值人员马上与“实兵巡逻”的安保人员联系，人机互动进行抓捕。

案例2：处置盗窃机动车车内物案件

视频安防监控室安保当值人员在开展“视频巡逻”时发现安保区域内的机动车停放点有一男子贴靠汽车来回走动很是可疑，当即对其进行定点监视。通过监视发现该男子开始动手盗窃机动车车内物，视频安防监控室安保当值人员马上与“实兵巡逻”的安保人员联系，人机互动进行抓捕。

案例3：处置机动车划痕事件

某小区经常发生机动车被划的事件，视频安防监控室安保当值人员加强晚间对机动车停放区域的“视频巡逻”，某日晚上10时许，发现安保区域内的机动车停放点有一个男子贴靠汽车来回走动很是可疑，当即对其进行定点监视。通过监视发现该男子开始用刀具划机动车，视频安防监控室安保当值人员马上与“实兵巡逻”的安保人员联系，人机互动抓获现行。

案例4：处置小区盗窃案件

视频安防监控室安保当值人员在进行“视频巡逻”时，发现安保区域内有一男子来回走动很是可疑，当即对其进行定点监视。通过监视发现该男子突然翻窗进入一居民家内，视频安防监控室安保当值人员马上与“实兵巡逻”的安保人员联系并报警，人机互动进行围捕。

案例5：处置打架斗殴事件

视频安防监控室安保当值人员在进行“视频巡逻”时发现安保区域内有人聚集，通过近景焦距观察发现有2人正在打架斗殴，引起了人员围观。视频安防监控室安保当值人员马上与“实兵巡逻”的安保人员联系，人机互动进行现场处置。

案例6：处置醉酒闹事事件

视频安防监控室安保当值人员在进行“视频巡逻”时发现安保区域内有一男子走路摇晃，通过近景焦距观察发现该男子手里拿着一个酒瓶，当即对其进行定点监视。通过监视发现该男子走到广告栏前，将酒瓶砸向玻璃屏，致使玻璃屏破裂。视频安防监控室安保当值人员马上与“实兵巡逻”的安保人员联系，人机互动进行现场处置。

案例7：处置“黄牛”贩票事件

在上海国际汽车博览会期间，经常能见到几个“黄牛”在票务中心附近长时间逗留，并主动与经过人员搭讪，高价兜售参观门票。视频安防监控室安保当值人员马上与“实兵巡逻”的安保人员联系，人机互动进行现场处置。

案例8：处置飞车抢夺案件

视频安防监控室安保当值人员在进行“视频巡逻”时发现安保区域内的道路上有一辆两人合骑慢速行驶的“两轮车”很是可疑，当即对其进行定点监视。通过监视发现该车乘坐人趁他人不备抢夺了一只拎包，视频安防监控室安保当值人员马上与“实兵巡逻”的安保人员联系，人机互动进行抓捕。

操作要求：

根据上述案例开展视频监控岗位的相关工作，能采集案（事）件处置信息，能对案（事）件处置进行相关记录与交接。

1. 对视频画面中的可疑人员，能够马上识别，并能在画面中锁定。

2. 根据视频能正确评估案（事）件形势，并及时做出反应。

3. 能及时联系“实兵巡逻”人员，并将案（事）件情况与嫌疑人特征精准通报。

4. 案（事）件处置过程中视频能实时监控，并能采用“多点复视”进行全方位监控。

5. 能准确采集案（事）件处置过程中的完整信息，并能进行正确的保存。

6. 能在相关簿册内准确记录案（事）件信息，并进行相关移交。

理论知识考试模拟试卷及答案

视频安防监控操作（专项职业能力）
理论知识试卷

注 意 事 项

1. 考试时间：90 min。
2. 请首先按要求在试卷的标封处填写您的姓名、身份证号和准考证号。
3. 请仔细阅读各种题目的回答要求，在规定的位置填写您的答案。
4. 不要在试卷上乱写乱画，不要在标封区填写无关的内容。

	一	二	总 分
得 分			

得 分	
评分人	

一、判断题（第 1 ~ 35 题。将判断结果填入括号中。正确的填“√”，错误的填“×”。每题 1 分，满分 35 分）

1. 视频安防监控系统由前端设备、视频信号传输设备、视频主机和图像记录设备构成。 （ ）

2. 视频安防监控系统前端设备主要用于图像信号的采集和分析。 （ ）

3. 选用合适的镜头，要参考采集目标图像的大小、清晰度、透光量、摄像机安装位置与目标图像的距离等因素。 （ ）

4. 云台能带动摄像机前、后、左、右转动，适用于动态范围较小的场合。 （ ）

5. 视频矩阵切换主机的所有功能都可以通过操作键盘来得以实现。 （ ）

6. 数字视频监控系统除了具有传统闭路电视监视系统的所有功能，还增加了远程视频传输与回放功能。 （ ）

7. 数字视频监控系统由摄像机、解码器和主控显示记录设备三大部分组成。（　　）

8. 闭路电视监控系统的类型有切换器控制、矩阵控制和多媒体3类。（　　）

9. 摄像机是将现场图像重新显示的设备。（　　）

10. 数字视频监控系统的报警录像功能，可设定为“当警报触发后再录像”，以便于回放。（　　）

11. 在安保工作中，视频安防监控相对于安保人员“实兵巡逻”防范而言，具有隐蔽性佳、覆盖面广等特点。（　　）

12. 只要在守护点上安装视频安防监控摄像机，就能确保安保目标的安全。（　　）

13. 视频安防监控室的安保当值人员在操作台上操控监控摄像机，不管白天、黑夜、寒风、酷日、暴雨，均能对安保目标或区域进行实时保卫。（　　）

14. 从案（事）件存续状态来看，视频安防监控在安保工作中的作用，主要体现在事前锁定、事中排查、事后回放3个方面。（　　）

15. 视频安防监控室安保当值人员通过“视频巡逻”，实时观察安保区域内的可疑人、车，对重点要害目标实施远程守护，发现安保区域内的异常情况只能报告，无权处置。（　　）

16. 案（事）件发生过程中，视频安防监控室安保当值人员无须运用视频安防监控摄像机，锁定案（事）件当事人，为该案（事）件现场处置人员提供必要的策应。（　　）

17. 视频安防监控设备必须24 h开启，在人手比较紧张的情况下，可以不配置人员值守。（　　）

18. 视频安防监控的重点应包括重点安保部位、重点安保区域、与重点部位或区域相联通的必经通道。（　　）

19. 从运作的实际效果出发，建议视频安防监控室安保当值人员班次轮转采用“四班三运转”的方式。（　　）

20. 视频安防监控室安保当值人员“视频巡逻”的勤务方案的主要内容，包括视频安防监控室安保当值人员安排、运作班次、值守重点安保目标、重点区域、重点时段、最小勤务单元（单个监控摄像机）的主要勤务方式、勤务时段等。（　　）

21. 视频安防监控室安保当值人员对重点安保目标和区域实施定点监控、重点巡视

时，应与“实兵巡逻”安保人员的现场巡逻时间、路线一致，以提高巡逻频率。（　　）

22. 为了能使安保工作达到最佳的效能，在“实兵巡逻”的勤务方案调整后，视频安防监控的“视频巡逻”勤务方案可以根据实际情况暂缓调整。（　　）

23. 宾馆大堂展示一件名贵的艺术品时，视频安防监控室安保当值人员应及时调整“视频巡逻”的监控摄像机朝向，对其进行叠加看护。（　　）

24. 根据安保目标、区域不同，可将视频安防监控摄像机分为“重要”“次重要”“关注”和“一般”4 个等级。（　　）

25. 视频安防监控室安保当值人员必须在《视频安防监控室当班日志》内记录该班内发生的具体情况，并向接班人员移交《视频安防监控室当班日志》即可。（　　）

26. 视频安防监控室安保当值人员应按要求，采集在监控中发现的治安、刑事类情况信息，记录的内容包括安保区域内发生“110”警情的情况。（　　）

27. 若当班过程中发现视频安防监控设备运行故障，视频安防监控室安保当值人员应及时通知专业人员维护修理，故障排除后无须将故障情况进行记录。（　　）

28. 视频安防监控室安保人员当值时必须遵守的勤务纪律是：禁止与他人聊天、电话闲聊，禁止看书、报、杂志等，禁止擅自离岗，禁止睡觉等不履职情况。（　　）

29. 在监控道路的视频画面中，地面轮廓线应处于画面上方 1/3 位置，甚至更上方。（　　）

30. 白天在室外的视频安防监控摄像机有可能被太阳光直射形成逆光，因此，视频安防监控室安保当值人员要根据日照的方向，及时调整受影响的监控摄像机的焦距，避免太阳光直射造成的逆光。（　　）

31. 在实施“视频巡逻”、跟踪、观察完毕后，视频安防监控室安保当值人员应当将一个监控摄像机保持原有朝向，其他全部关闭。（　　）

32. 公安部门在分析破获的盗窃案件后发现，有较大一部分盗窃嫌疑人将盗窃所得物品装入携带的一个大包内后离开案发现场。因此，视频安防监控室安保当值人员在进行“视频巡逻”时，凡携带大包的人员都要着重观察。（　　）

33. 视频安防监控室安保当值人员在进行“视频巡逻”时，若发现在安保区域内有簇拥行走的人员，应通知巡逻保安对其截停。（　　）

34. 视频安防监控室安保当值人员通过监控主动发现治安、刑事类案（事）件警情时，应对警情的性质做出结论，不能做出判断的，要通过电台或其他通信工具通知“实兵巡逻”的安保人员到场进行现场核实。（　　）

35. 当公安民警到达安保区域进行治安、刑事类案（事）件处置时，视频安防监控室安保当值人员应尽的职责之一是详细汇报现阶段已经掌握的具体情况。（　　）

得　分	
评分人	

二、单项选择题（第 1～65 题。选择一个正确的答案，将相应的字母填入题内的括号中。每题 1 分，满分 65 分）

1. 数字视频安防监控系统的前端设备和视频主机以数字信号的方式进行（　　）。

A. 信号摄取和信号传输　　B. 信号传输和信号处理

C. 信号摄取和信号处理　　D. 信号传输和信号存储

2. 摄像机的功能是完成图像的采集工作，根据场合的不同可选用合适的种类，其中不包括（　　）。

A. 枪式摄像机　　B. 带紫外摄像机　　C. 半球摄像机　　D. 针孔摄像机

3. 监视动态目标范围较大的场合可选用（　　）。

A. 半球摄像机　　B. 枪式摄像机

C. 带红外摄像机　　D. 一体化球形摄像机

4. 根据摄像机安装位置与目标图像的距离选用合适的镜头，其作用不包括（　　）。

A. 调整采集目标图像角度　　B. 调整采集目标图像大小

C. 调整清晰度　　D. 调整透光量

5. 视频主机通常以矩阵切换主机为中心设备，其主要的功能不包括（　　）。

A. 操作图像任意编组切换

B. 操作解码器使云台上、下、左、右转动

C. 操作摄像机拍摄视频

D. 操作解码器使镜头开闭光圈、变焦、聚焦

6. 多媒体操作系统软件的操作方式不包括（　　）。

A. 点击操作面板　　B. 点击浏览器

C. 点击工具栏上的按钮　　D. 点击右键菜单

7. 第三代视频监控系统以网络为依托，以数字视频的（　　）为核心，以智能实用的图像理解和分析为特色，引发了视频监控行业的技术革命。

A. 传输、存储和播放　　B. 压缩、传输和存储

C. 压缩、传输、解码和播放　　D. 压缩、传输、存储和播放

8. 数字视频监控系统的传输方式，不包括（　　）方式。

A. 双绞线平衡传输　　B. 电缆传输

C. 无线传输　　D. 光纤传输

9. 在安保工作中，视频安防监控相对于安保人员“实兵巡逻”防范而言，不具有（　　）的特点。

A. 隐蔽性佳　　B. 流动性强　　C. 覆盖面广　　D. 适应性强

10. 从案（事）件存续状态来看，视频安防监控在安保中的作用，主要体现在（　　）3 个方面。

A. 事前锁定、事中锁定、事后排查　　B. 事前发现、事中跟踪、事后排查

C. 事前发现、事中锁定、事后排查　　D. 事前发现、事中跟踪、事后锁定

11. 视频安防监控室安保当值人员通过“视频巡逻”，实时（　　）安保区域内的可疑人、车，对重点要害目标实施远程守护。

A. 跟踪　　B. 发现　　C. 锁定　　D. 排查

12. 视频安防监控室安保当值人员通过“视频巡逻”，实时观察安保区域内的可疑人、车，对重点要害目标实施远程守护，发现安保区域内的异常情况（　　）。

A. 可以立即进行处置　　B. 无权进行处置

C. 立即报告　　D. 继续跟踪

13. 案（事）件发生过程中，视频安防监控室安保当值人员要及时运用视频安防监控摄像机，（　　），锁定案（事）件当事人、收集与案（事）件相关的证据，为该案（事）件现场处置人员提供必要的策应。

A. 监控案（事）件处置的关键过程　　B. 监控案（事）件处置的重点过程

C. 全程监控案（事）件发展过程　　D. 全程监控案（事）件处置的全过程

14. 视频安防监控设备必须（　　），配置专门人员轮班运转。

A. 8 h 开启　　B. 12 h 开启

C. 24 h 开启　　D. 白天关闭，夜晚开启

15. 从运作的实际效果出发，建议视频安防监控室安保人员班次轮转采用“四班三运转”的方式。每班次安保当值人员数控制在（　　）。

A. 每个工位 1 名　　B. 每个工位不多于 2 名

C. 每个工位不多于 3 名　　D. 白天每 2 个工位 1 名

16. 视频安防监控室安保当值人员在进行“视频巡逻”时，要根据（　　）等因

素，对监控摄像机实行分级管理。

A. 安保目标的重要性、监控摄像机覆盖区域内治安状况

B. 安保目标的重要性、重点部位的分布

C. 监控摄像机覆盖区域内治安状况、重点部位的分布

D. 安保目标的重要性、监控摄像机覆盖区域内治安状况、重点部位的分布

17. 视频安防监控室安保当值人员在进行“视频巡逻”时，应建立和完善与进行“实兵巡逻”的安保人员的（　　）的双向勤务联动机制，共同承担预防、制止各类违法犯罪活动发生的责任，切实保护好安保对象的生命、财物安全。

A. 信息联通、安全联防、相互交叉　　B. 信息联通、责任共担、相互交叉

C. 信息联通、安全联防、责任共担　　D. 相互交叉、安全联防、责任共担

18. 视频安防监控室安保当值人员在进行“视频巡逻”时还应与管辖地的（　　）建立联勤，保持信息联通、安全联防、打击联手的联动机制，共同打击各类违法犯罪活动。

A. 派出所　　B. 政府　　C. 公安局　　D. 街道

19. 视频安防监控勤务方案要与“实兵巡逻”的勤务方案相匹配，两者应根据被安保目标的实际需求，或互为叠加，或相互交叉，形成（　　）的巡逻防控格局。

A. 相互关联、相互补充　　B. 相互支撑、相互补充

C. 相互支援、相互补充　　D. 相互支撑、责任共担

20. 视频安防监控室安保当值人员对重点安保目标和区域实施定点监控、重点巡视时，应与参加“实兵巡逻”的安保人员的现场巡逻（　　），以提高巡逻频率。

A. 有分有合　　B. 前后分开　　C. 时间一致　　D. 时间错开

21. “视频巡逻”监控摄像机的勤务方式主要有定点监视、（　　）、多点复视等。这些勤务方式可单独使用，也可根据摄像机所覆盖区域的实际情况灵活组合运用。

A. 线状巡视、平面扫视　　B. 线状巡视、环状扫视

C. 定时监视、定点复视　　D. 多点监视、线状扫视

22. 定点监视是视频安防监控室安保当值人员利用视频安防监控摄像机持续监控特定的安保目标的工作方法，主要用于对安保重点目标、部位，（　　）的“视频巡逻”。

A. 交通事故频发区域　　B. 治安情况复杂区域

C. 易发生火灾区域　　D. 易发生警情区域

23. 视频安防监控室安保当值人员在进行“视频巡逻”时，通过（　　），由近及远或由远到近对条状区域开展线状定期巡视，主要适用于对安保区域内道路、通道等

条状区域的“视频巡逻”。

A. 变换摄像机焦距　　B. 切换镜头
C. 改变摄像机方向　　D. 360°旋转摄像机

24. 对广场和较为开阔区域的“视频巡逻”，一般采用（　　）。

A. 定点监视　　B. 环状扫视　　C. 线状巡视　　D. 多点复视

25. 在进行固定目标“视频巡逻”，对发生情况的目标锁定观察并实施追踪、围捕时，为了全面掌握安保目标的安全，视频安防监控室安保当值人员可调整目标周边的几个视频监控摄像机，同时从多个角度反复观察或操作多个监控摄像机，对可疑人员、车辆或其他可疑情况实施（　　）。

A. 截停围捕　　B. 分析比较　　C. 接力跟踪　　D. 定点排摸

26. 宾馆大堂展示一件名贵的艺术品时，视频安防监控室安保当值人员应及时调整“视频巡逻”的监控摄像机朝向，对其进行（　　）。

A. 特别看护　　B. 定点看护　　C. 叠加看护　　D. 重点看护

27. 根据安保目标、区域不同，可将视频安防监控摄像机分为“重点”“关注”和“（　　）”3 个等级。

A. 一般　　B. 严重关注　　C. 次重点　　D. 不需关注

28. 视频安防监控摄像机的值守等级，应根据安保目标或安保区域在不同时间段的具体情况和要求，进行（　　）。

A. 时段调整　　B. 动态调整　　C. 静态调整　　D. 监控方向调整

29. 视频安防监控室安保当值人员应在上岗前（　　）min 到达岗位，掌握基础信息后再开始工作。

A. 5　　B. 10　　C. 15　　D. 30

30. 视频安防监控室安保当值人员必须在（　　）内记录该班内发生的具体情况，交班人员必须当面向接班人员进行视频安防监控工作任务的移交，并通报当班情况，需要说明解释的应详细讲解清楚。

A.《视频安防监控室监控情况记录》　　B.《视频安防监控室当班工作记录》
C.《视频安防监控室当班记录》　　D.《视频安防监控室当班日志》

31. 交接班工作的内容不包括（　　）。

A. 当班主要工作情况　　B. 视频安防监控设备运行状况
C. 24 h 内监控记录　　D. 安保目标或区域内即时的治安状况

32. 视频安防监控安保当值人员应按要求，采集在监控中发现的治安、刑事类情况信息，记录的内容不包括（　　）。

A. 安保区域内发生的违法犯罪活动　　B. 安保区域内上下班人员情况

C. 安保区域内发生的治安案（事）件　　D. 安保区域内存在的治安、刑事隐患

33. 视频安防监控室安保当值人员应按要求，将当班过程中发现的视频安防监控设备运行故障情况进行记录。外端设备运行情况记录的内容不包括（　　）。

A. 各个监控摄像机运行是否正常

B. 各个监控摄像机外罩是否清洁

C. 视频安防监控键盘设备运行情况

D. 各个监控摄像机监控范围内有无视线遮挡情况

34. 视频安防监控室安保当值人员应按要求，将当班过程中发现的视频安防监控设备运行故障情况进行记录。内部设备运行情况记录的内容不包括（　　）。

A. 视频安防监控显示屏运行情况

B. 视频安防监控操作键盘运行情况

C. 视频安防监控存储设备运行情况

D. 视频安防监控摄像机运行情况

35. 视频安防监控室安保人员当值时必须遵守的（　　）是：当值时禁止与他人聊天、电话闲聊，禁止看书、报、杂志等，禁止擅自离岗，禁止睡觉等不履职情况。

A. 操作规定　　B. 内务条例　　C. 职业操守　　D. 勤务纪律

36. 视频安防监控室安保人员当值时，必须遵守相关的（　　），禁止擅自使用手机、相机、摄像机等摄录视频安防监控资料。

A. 勤务纪律　　B. 工作纪律　　C. 保密纪律　　D. 当值纪律

37. 一般情况下，视频图像中视频安防监控的主体目标应一目了然，占据整个视频图像的大部分面积，且确保对视频安防监控主体关键部位的（　　）覆盖。

A. 1/2　　B. 3/4　　C. 基本　　D. 全

38. 视频安防监控室安保当值人员要根据监控目标的实际情况合理使用焦距。一般情况下，（　　）等级的监控摄像机应以近景焦距为主、远景焦距为辅。

A. “重点”和“一般”　　B. “一般”和“关注”

C. “重点”和“关注”　　D. “重点”“关注”和“一般”

39. 在日常的摄影中，人们总是习惯将地平线放在画面下方（　　）位置，这符合一般的审美标准。

A. 1/4　　B. 1/3　　C. 1/2　　D. 2/3

40. 在进行视频安防监控摄像机定位时，应尽量避免摄像机被树叶、广告牌等遮挡。如必须要将视频安防监控摄像机朝向树叶、广告牌等遮挡物，就要（　　），使视频安防监控的作用发挥到最大。

A. 增加监控摄像机　　B. 调整监控摄像机设置高度

C. 想办法除去遮挡物　　D. 利用变焦技术

41. 白天在室外的视频安防监控摄像机有可能被太阳光直射形成逆光，因此，视频安防监控室安保当值人员要根据日照的方向，及时调整受影响的监控摄像机的（　　），避免太阳光直射造成的逆光。

A. 朝向　　B. 光圈　　C. 焦距　　D. 遮光板

42. 由于安保区域条件限制或安保的要求，夜间监控摄像机无法避开车辆远光灯照射形成逆光，监控室安保当值人员应将监控摄像机（　　），避免因车辆远光灯照射形成的逆光。

A. 朝向机动车去车方向　　B. 朝向机动车来车方向

C. 朝向机动车去车45°方向　　D. 朝向机动车去车60°方向

43. 在实施“视频巡逻”、跟踪、观察完毕后，视频安防监控室安保当值人员应当及时将视频安防监控摄像机（　　），这有利于当值人员在下一次操作时，快速准确地判断视频安防监控摄像机的朝向，提高视频安防监控的效率。

A. 全部关闭

B. 朝向回复到初始状态

C. 部分关闭，部分保持原有朝向

D. 只有一个保持原有朝向，其他全部关闭

44. 公安部门在分析破获的盗窃案件后发现，有较大一部分盗窃嫌疑人将盗窃所得物品装入携带的一个大包内后离开案发现场，该类作案手法俗称“大包套小包”。因此，视频安防监控室安保当值人员在进行“视频巡逻”时，要结合具体情况对进入安保区域携带空大包的人员（　　）。

A. 着重观察　　B. 进行控制　　C. 通知截停　　D. 立即抓捕

45. 视频安防监控室安保当值人员在进行“视频巡逻”时，若发现有人见到监控摄像机朝向他时，突然改变原先行走路线，有意躲开视频安防监控人员，（　　）。

A. 必须重点观察　　B. 要通知截停　　C. 要上前盘查　　D. 应实施跟踪

46. 在银行门口、ATM机等银行安保重点区域，发现有长时间停留的人员时，视频安防监控室安保当值人员要重点观察其是否时常向银行内张望，是否关注ATM机前

的提款人，并搜索周边可能存在的嫌疑人的同伙，必要时（　　）。

A. 打“110”报警

B. 通知“实兵巡逻”的安保人员上前进行询问

C. 通知银行门口安保人员进行驱赶

D. 将情况报告给领导

47. 开架式商城内偷窃商品的盗窃嫌疑人，往往采用的偷窃方法不包括（　　）。

A. 将商品放入自带购物袋　　B. 避开商场其他顾客

C. 避开商场工作人员　　D. 在少有人经过的通道处四处张望

48. 视频安防监控室安保当值人员在进行“视频巡逻”时，发现有尾随他人进入安保区域的人员需要重点观察，必要时应（　　），及时采取有效措施，预防相关案（事）件发生。

A. 及时报警

B. 及时报告领导

C. 通知门卫对其进行询问

D. 与“实兵巡逻”的安保人员联动对其进行询问

49. 视频安防监控室安保当值人员在工作时，应时刻留意各类通信设施是否完好，要经常与“实兵巡逻”的安保人员进行电台联络，始终保持（　　）。

A. 内外联动状态　　B. 通话状态　　C. 备勤状态　　D. 处警状态

50. 视频安防监控室安保当值人员通过监控主动发现治安、刑事类案（事）件警情时，应对警情的性质做一个初步的判断，采取的应对措施中不正确的是（　　）。

A. 通知“实兵巡逻”的安保人员到场进行现场核实

B. 将安保区域内发生的警情及时向部门领导汇报

C. 视频安防监控室安保当值人员立即赶赴现场进行现场核实

D. 根据警情性质与具体情况决定是否调集其他安保人员参与现场处置工作

51. 视频安防监控室安保当值人员通过监控主动发现治安、刑事类案（事）件警情时，应对警情的性质（　　），如不能做到这一点，要通过电台或其他通信工具通知“实兵巡逻”的安保人员到场进行现场核实。

A. 做出初步的判断　　B. 做出初步的结论

C. 做出最终的断定　　D. 做出最终的结论

52. 视频安防监控室安保当值人员通过监控主动发现正在实施的违法犯罪活动时，应立即通过电台或其他通信工具通知“实兵巡逻”的安保人员到场进行制止或现场抓

捕，并运用视频安防监控进行（　　）。

A. 跟踪　　B. 指挥　　C. 联络　　D. 全程监控

53. 视频安防监控室安保当值人员通过监控主动发现正在实施的违法犯罪活动时，应采取的应对措施不包括（　　）。

A. 自己立即赶赴现场进行制止

B. 通知“实兵巡逻”的安保人员到场进行制止或现场抓捕

C. 运用视频安防监控进行全程监控

D. 必须留下能辨别嫌疑人的特写影像

54. 视频安防监控室安保当值人员在接到“实兵巡逻”安保人员报告的警情时，应立即对朝向该区域的视频安防监控（　　），确认案（事）件发生的时间与嫌疑人的特征。

A. 进行搜索　　B. 进行回放　　C. 进行延伸跟踪　　D. 扩大搜索区域

55. 视频安防监控室安保当值人员在接到“实兵巡逻”安保人员报告的警情时，应（　　），确认案（事）件发生的时间与嫌疑人的特征，及时将嫌疑人的相关体貌特征通报给其他岗位上的安保人员，以便他们发现并抓捕。

A. 立即对朝向该区域的视频安防监控进行搜索

B. 立即对朝向该区域的视频安防监控进行延伸跟踪

C. 立即对朝向该区域的视频安防监控进行回放

D. 扩大搜索区域，捕捉嫌疑对象

56. 视频安防监控室安保当值人员在发现治安、刑事类案（事）件情况后，正确的做法是（　　）。

A. 向本部门领导汇报，再根据警情的具体情况决定是否报警

B. 立即拨打“110”报警或与有关部门联络通知其到场进行处置

C. 立即拨打“110”报警电话报警

D. 立即通知有关部门到场处理

57. 视频安防监控室安保当值人员在治安、刑事类案（事）件的处置过程中，不仅要灵活运用事发区域的监控摄像机对案（事）件的处置过程进行全程监控，还应（　　），配合安保部门领导指挥其他安保人员的调动与集结。

A. 了解全体安保人员的岗位分布情况

B. 掌握该时段安保区域内安保人员的人数

C. 熟悉安保区域内安保人员所在的岗位

D. 熟悉该时段安保区域内安保人员的人数及其所在岗位

58. 单位领导或安保部门的领导到治安、刑事类案（事）件现场进行处置时，视频安防监控室的安保当值人员必须担负起辅助指挥的职责，充分利用视频安防监控系统（　　），为领导们的决策做好参谋。

A. 多角度的视频观察功能

B. 视频观察和定点回放功能

C. 实时、多角度、全方位的视频观察和定点回放功能

D. 全方位的视频观察和回放功能

59. 当公安民警到达安保区域进行治安、刑事类案（事）件处置时，视频安防监控室安保当值人员应尽的职责不包括（　　）。

A. 协助公安民警进行相关处置工作

B. 详细汇报现阶段已经掌握的具体情况

C. 分析案（事）件的性质

D. 为公安民警进行现场处置提供帮助

60. 当安保区域内的治安、刑事类案（事）件现场处置工作结束后，视频安防监控室的安保当值人员必须将与该案（事）件有关的监控视频（　　），以备在下阶段处理该案（事）件时调阅。

A. 复制　　B. 剪辑　　C. 下载保存　　D. 回放确认

61. 视频安防监控室安保当值人员在治安、刑事类案（事）件现场处置完毕后，应对处置工作进行小结，并（　　）。

A. 配合安保部门领导撰写处置工作部门小结

B. 配合公安机关撰写现场处置小结

C. 完成撰写处置工作部门小结

D. 配合公安机关撰写结案报告

62. 视频安防监控室安保当值人员在发现或接报治安、刑事类案（事）件警情时，应立即通知“实兵巡逻”的安保人员进行现场处置，同时要提醒前往处置的安保人员，为了保全案（事）件证据，（　　）。

A. 要注意对案（事）件现场的保护　　B. 必须尽快找到犯罪嫌疑人

C. 要将现场打扫干净　　D. 立即将案（事）件证据收集起来

63. 视频安防监控室安保当值人员应根据案（事）件现场情况，结合安保区域的全面工作，合理调集相应的安保处置人员，确保（　　）。

A. 清空安保区域的所有人员　　B. 通过守候伏击抓到嫌疑人
C. 马上处置完毕　　D. 能对案（事）件现场进行有效控制

64. 视频安防监控室安保当值人员应具备的根据该案（事）件的具体情况，及时向单位领导提出进行现场处置的合理建议的能力称为（　　）。

A. 证据保全能力　　B. 辅助决策能力　　C. 协调联络能力　　D. 现场控制能力

65. 以下不属于视频安防监控室安保当值人员在维护他人的隐私权方面，必须处理好的关系的是（　　）。

A. 监控摄像机向哪里看和看什么的关系
B. 视频下载保存和视频保管的关系
C. 公安机关调阅给与不给的关系
D. 视频怎么给和给什么的关系

理论知识考试模拟试卷参考答案

一、判断题

1. √　2. ×　3. √　4. ×　5. √　6. ×　7. ×　8. √　9. ×
10. ×　11. √　12. ×　13. √　14. ×　15. ×　16. ×　17. ×　18. √
19. √　20. √　21. ×　22. ×　23. ×　24. ×　25. ×　26. √　27. ×
28. √　29. ×　30. ×　31. ×　32. ×　33. ×　34. ×　35. √

二、单项选择题

1. B　2. B　3. D　4. A　5. C　6. B　7. C　8. B　9. B　10. C
11. B　12. A　13. D　14. C　15. B　16. D　17. C　18. A　19. B　20. D
21. B　22. D　23. A　24. B　25. C　26. D　27. A　28. B　29. C　30. D
31. C　32. B　33. C　34. D　35. D　36. C　37. D　38. C　39. B　40. C
41. A　42. A　43. B　44. A　45. A　46. B　47. A　48. D　49. A　50. C
51. A　52. D　53. A　54. B　55. C　56. A　57. D　58. C　59. C　60. C
61. A　62. A　63. D　64. B　65. C

操作技能考核模拟试卷

注 意 事 项

1. 考生根据操作技能考核通知单中所列的试题做好考核准备。

2. 请考生仔细阅读试题单中具体考核内容和要求，并按要求完成操作或进行笔答或口答，若有笔答请考生在答题卷上完成。

3. 操作技能考核时要遵守考场纪律，服从考场管理人员指挥，以保证考核安全顺利进行。

注：操作技能鉴定试题评分表及答案是考评员对考生考核过程及考核结果的评分记录表，也是评分依据。

视频安防监控操作（专项职业能力）操作技能考核通知单

姓名：

准考证号：

考核日期：

试题1

试题代码：1. 1. 1。

试题名称：监控画面切换、指定摄像机监控画面的录像回放、指定摄像机监控画面的录像保存。

考核时间：6 min。

配分：20 分。

试题2

试题代码：2. 1. 1。

试题名称：查找嫌疑人正面图像。

考核时间：10 min。

配分：25 分。

试题 3

试题代码：3. 1. 1。

试题名称：视频监控在案（事）件处置中的应用——处置盗窃非机动车案件。

考核时间：6 min。

配分：25 分。

视频安防监控操作（专项职业能力）操作技能鉴定试题单

试题代码：1.1.1。

试题名称：监控画面切换、指定摄像机监控画面的录像回放、指定摄像机监控画面的录像保存。

考核时间：6 min。

1. 操作条件

视频安防监控实训室，视频监控考位，视频监控设备，客户端计算机和软件。

2. 操作内容

（1）监控画面预置位设定和变换。

（2）不同摄像机间监控画面的切换。

（3）摄像机指定监控画面的录像回放。

（4）摄像机监控画面的录像保存。

3. 操作要求

（1）根据监控摄像机提供的实时信息，变换成 9 画面实时显示并保持 30 s，再变换成 16 画面显示并保持 30 s，监控画面预置位设定和变换的次序正确。

（2）摄像机间监控画面按照 1→4→7→2 次序进行切换。

（3）利用客户端软件对通道 2 图像进行回放，回放时间轴设定为 2016 年 5 月 8 日上午 9 点 30 分 00 秒，回放的时间起始点不应早于试题中规定时间前 1 min，监控录像回放功能操作熟练，回放点设置准确。

（4）利用客户端软件对上述图像中 2016 年 5 月 8 日上午 9 点 30 分 30 秒至 2016 年 5 月 8 日上午 9 点 31 分 00 秒录像文件进行备份。根据试题要求将录像文件进行保存，所保存的录像起始时间不得晚于 2016 年 5 月 8 日上午 9 点 30 分 00 秒，结束时间不得早于 2016 年 5 月 8 日上午 9 点 31 分 00 秒。

视频安防监控操作（专项职业能力）操作技能鉴定试题评分表

考生姓名：　　　　　　　　　　准考证号：

<table>
<tr><td colspan="2">试题代码及名称</td><td colspan="2">1.1.1　监控画面切换、指定摄像机监控画面的录像回放、指定摄像机监控画面的录像保存</td><td>考核时间</td><td colspan="2">6 min</td></tr>
<tr><td>序号</td><td>类别</td><td>项目名称及分值</td><td colspan="2">评分标准</td><td>得分范围</td><td>得分</td></tr>
<tr><td rowspan="5">1</td><td rowspan="16">视频监控设备基本功能操作</td><td rowspan="5">监控画面预置位设定和切换（5分）</td><td colspan="2">能够将图像变换成试题中规定的画面实时分割图像，设定正确；画面设定变换熟练</td><td>A</td><td rowspan="5"></td></tr>
<tr><td colspan="2">能够将图像按照试题要求进行画面切换，设定正确；操作不够熟练</td><td>B</td></tr>
<tr><td colspan="2">画面设定和变换次序不够正确</td><td>C</td></tr>
<tr><td colspan="2">只能设定1种预定画面</td><td>D</td></tr>
<tr><td colspan="2">放弃或缺考</td><td>E</td></tr>
<tr><td rowspan="5">2</td><td rowspan="5">不同摄像机监控画面的切换（5分）</td><td colspan="2">能够将摄像机监控画面按照试题规定的次序进行正确切换。画面移动平稳，操作熟练</td><td>A</td><td rowspan="5"></td></tr>
<tr><td colspan="2">能够将摄像机监控画面按照试题规定的次序进行正确切换。画面移动平稳，操作不够熟练</td><td>B</td></tr>
<tr><td colspan="2">监控画面切换次序不完全正确</td><td>C</td></tr>
<tr><td colspan="2">只能切换个别监控画面</td><td>D</td></tr>
<tr><td colspan="2">放弃或缺考</td><td>E</td></tr>
<tr><td rowspan="5">3</td><td rowspan="5">指定摄像机监控画面的录像回放（5分）</td><td colspan="2">摄像机某时点监控录像回放点设置准确，回放的时间起始点不应早于试题中规定时间前1 min，操作熟练</td><td>A</td><td rowspan="5"></td></tr>
<tr><td colspan="2">摄像机某时点监控录像回放点设置准确，回放的时间起始点不应早于试题中规定时间前1 min，操作不够熟练</td><td>B</td></tr>
<tr><td colspan="2">回放点设置不准确，操作不熟练</td><td>C</td></tr>
<tr><td colspan="2">没有找到监控录像回放点</td><td>D</td></tr>
<tr><td colspan="2">放弃或缺考</td><td>E</td></tr>
<tr><td>4</td><td>指定摄像机监控画面的录像保存（5分）</td><td colspan="2">摄像机监控画面录像保存存放位置准确，根据试题要求将录像文件进行保存，所保存的录像起始时间不得晚于试题中规定时间，结束时间不得早于试题中规定时间，操作熟练</td><td>A</td><td></td></tr>
</table>

续表

试题代码及名称		1.1.1　监控画面切换、指定摄像机监控画面的录像回放、指定摄像机监控画面的录像保存	考核时间	6 min	
序号	类别	项目名称及分值	评分标准	得分范围	得分
4	视频监控设备基本功能操作	指定摄像机监控画面的录像保存（5分）	摄像机监控画面录像保存存放位置准确，根据试题要求将录像文件进行保存，所保存的录像起始时间不得晚于试题中规定时间，结束时间不得早于试题中规定时间，操作不熟练	B	
			监控画面录像保存存放位置不准确，起始和结束时间不符合规定，操作不熟练	C	
			没有按照要求保存监控画面录像	D	
			放弃或缺考	E	

考评员（签名）：

等级	A（优）	B（良）	C（及格）	D（较差）	E（放弃或缺考）
比值	1.0	0.8	0.6	0.2	0

“评价要素”得分＝配分×等级比值。

视频安防监控操作（专项职业能力）操作技能鉴定试题单

试题代码：2. 1. 1。

试题名称：查找嫌疑人正面图像。

考核时间：10 min。

1. 操作条件

视频安防监控实训室，视频监控考位，视频监控设备。

2. 操作内容

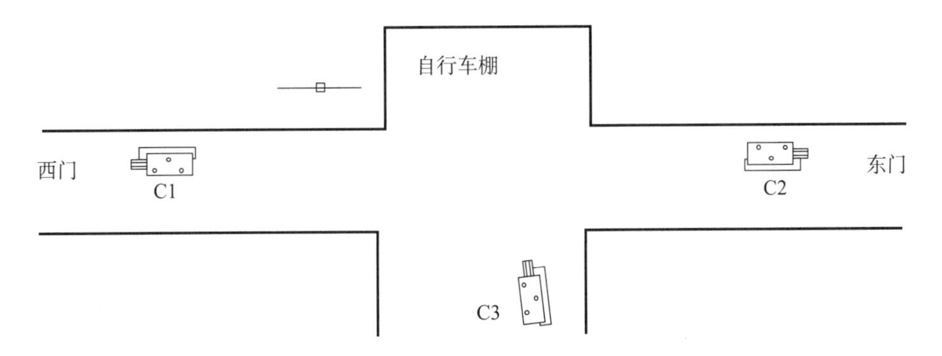

案例：摄像机的监视目标如上图所示，C1 摄像机对小区西门进行监视，C2 摄像机对小区东门进行监视，C3 摄像机主要对自行车棚进行监视。自行车棚在小区的中间，从小区西门走到小区东门需要 5 min 时间。2015 年 11 月 8 日上午 10 时 20 分到 10 时 22 分之间，发现一名男子在盗窃自行车，但无法看清该男子的脸部特征，请在最短时间内通过现有的摄像机查找该男子的正面图像，并使其定格在画面中。

3. 操作要求

（1）查看 C3 摄像机录像，看到该男子的盗窃过程并定格 15 s。

（2）查看 C1、C2 摄像机录像，查找该男子的正面图像，并定格在画面中。

视频安防监控操作（专项职业能力）操作技能鉴定试题评分表

考生姓名：　　　　　　　　　　　　准考证号：

试题代码及名称		2.1.1　查找嫌疑人正面图像		考核时间	10 min
序号	类别	项目名称及分值	评分标准	得分范围	得分
1	视频巡逻发现可疑人员	对视频画面中可疑人员进行搜索（10 分）	能够按照规定搜索案（事）件中的可疑人员，并按规定时间定格，操作熟练	A	
			能够按照规定搜索案（事）件中的可疑人员，并按规定时间定格，操作不太熟练	B	
			搜索案（事）件中的可疑人员不熟练，未能进行定格操作	C	
			未能搜索案（事）件中的可疑人员	D	
			放弃或缺考	E	
2		锁定可疑人员（15 分）	查看规定的摄像机录像，查找该可疑人的正面图像并定格在画面中，操作熟练	A	
			查看规定的摄像机录像，查找该可疑人的正面图像并定格在画面中，操作不太熟练	B	
			查找可疑人的正面图像不熟练，未能进行定格操作	C	
			未能找出该可疑人的正面图像	D	
			放弃或缺考	E	

考评员（签名）：

等级	A（优）	B（良）	C（及格）	D（较差）	E（放弃或缺考）
比值	1.0	0.8	0.6	0.2	0

“评价要素”得分＝配分×等级比值。

视频安防监控操作（专项职业能力）操作技能鉴定试题单

试题代码：3. 1. 1。

试题名称：视频监控在案（事）件处置中的应用——处置盗窃非机动车案件。

考核时间：6 min。

1. 操作条件

视频安防监控实训室，视频监控考位，视频监控设备。

2. 操作内容

案例：视频安防监控室安保当值人员在开展“视频巡逻”时发现安保区域内的非机动车停放点有一男子鬼鬼祟祟，有盗窃非机动车的嫌疑，当即对其进行定点监视。通过监视发现该男子开始动手盗窃非机动车，视频安防监控室安保当值人员马上与“实兵巡逻”的安保人员联系，人机互动进行抓捕。

根据案例开展视频监控岗位的相关工作。

3. 操作要求

（1）对视频画面中的可疑人员能够马上识别，并能在画面中进行锁定。

（2）根据视频能正确评估案（事）件形势，并及时做出反应。

（3）能及时联系“实兵巡逻”人员，并将案（事）件情况与嫌疑人特征精准通报。

（4）案（事）件处置过程中视频能实时监控，并能采用“多点复视”进行全方位监控。

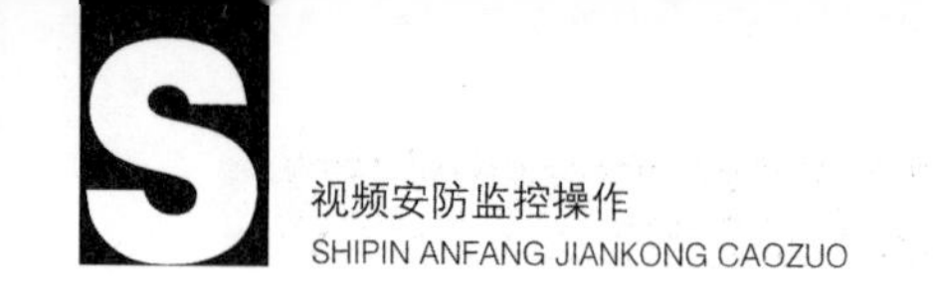

视频安防监控操作（专项职业能力）操作技能鉴定试题评分表

考生姓名： 准考证号：

试题代码及名称		3.1.1 视频监控在案（事）件处置中的应用——处置盗窃非机动车案件		考核时间	6 min
序号	类别	项目名称及分值	评分标准	得分范围	得分
1	视频监控在案（事）件处置中的应用	对视频画面中可疑人员的识别（10 分）	能够立即识别画面中可疑人员，并能在画面中进行锁定	A	
			识别画面中可疑人员不太熟练，能在画面中进行锁定	B	
			识别画面中可疑人员不太熟练，锁定画面不熟练	C	
			未能识别画面中可疑人员，也无法进行锁定	D	
			放弃或缺考	E	
2		根据视频评估案（事）件形势（5 分）	根据视频能正确评估案（事）件形势，并及时做出反应	A	
			根据视频能正确评估案（事）件形势，但反应不够及时	B	
			根据视频评估案（事）件形势不够正确，反应不及时	C	
			根据视频不能正确评估案（事）件形势	D	
			放弃或缺考	E	
3		内外联动处置（5 分）	能及时联系“实兵巡逻”人员，并将案（事）件情况与嫌疑人特征精准通报	A	
			能及时联系“实兵巡逻”人员，通报嫌疑人特征不够精准	B	
			联系“实兵巡逻”人员不及时，通报嫌疑人特征不够精准	C	
			未及时联系“实兵巡逻”人员，并未能将案（事）件情况与嫌疑人特征精准通报	D	
			放弃或缺考	E	
4		案（事）件处置中的视频监控（5 分）	案（事）件处置过程中能实时监控视频并捕捉重点，能采用“多点复视”进行全方位监控	A	

续表

试题代码及名称		3.1.1 视频监控在案（事）件处置中的应用——处置盗窃非机动车案件	考核时间	6 min	
序号	类别	项目名称及分值	评分标准	得分范围	得分
4	视频监控在案（事）件处置中的应用	案（事）件处置中的视频监控（5分）	案（事）件处置过程中能实时监控视频，未能捕捉重点，但能采用“多点复视”进行全方位监控	B	
			案（事）件处置过程中能实时监控视频，但未采用“多点复视”进行全方位监控	C	
			案（事）件处置过程中能实时监控视频，但未能捕捉重点，也未采用“多点复视”进行全方位监控	D	
			放弃或缺考	E	

考评员（签名）：

等级	A（优）	B（良）	C（及格）	D（较差）	E（放弃或缺考）
比值	1.0	0.8	0.6	0.2	0

“评价要素”得分=配分×等级比值。